Birgit Rusche-Hecker

— Annette Dorstijn —

Fühlende Wesen

Birgit Rusche-Hecker
Annette Dorstijn

FÜHLENDE WESEN

Tiere als Brücke zu unserer wahren Natur

SILBERSCHNUR VERLAG

ISBN: 978-3-89845-590-9

1. Auflage 2018

Gestaltung & Satz: XPresentation, Güllesheim
Umschlaggestaltung: XPresentation, Güllesheim; unter Verwendung eines Motivs von
© Orlando Florin Rosu, www.fotolia.com
Druck: Finidr, s.r.o. Cesky Tesin

Verlag »Die Silberschnur« GmbH · Steinstraße 1 · D-56593 Güllesheim
www.silberschnur.de · E-Mail: info@silberschnur.de

Tiere besitzen eine Kraft,
die es ihnen ermöglicht,
auf ganz besondere Weise
unsere Seele zu berühren.

Birgit Rusche-Hecker

INHALTSVERZEICHNIS

Weil dieses Werk eine echte Herzensangelegenheit ist, freue ich mich ganz besonders, dass ich meine liebe Freundin und Kollegin Annette Dorstijn dafür gewinnen konnte, es mit ihren liebevoll geschriebenen Texten in Gedichtform zu bereichern. Mögen sie dich inspirieren und dein Herz ebenso berühren wie das meine.

An dieser Stelle möchte ich mich von ganzem Herzen bei all meinen Klienten und ihren Tieren für ihr Vertrauen in mich und meine Arbeit bedanken, insbesondere bei denen, die sich bereiterklärt haben, dass ihre Geschichte anhand der in diesem Buch aufgeführten Fallbeispielen von mir erzählt werden darf. Ihr seid die, die verstanden haben, dass wir mehr für unsere Tiere tun können, und übernehmt Verantwortung für euer Handeln – aus Liebe zu euch und eurem Tier.

Ich danke euch so sehr dafür!

EINLEITUNG

"Du musst selbst die Veränderung sein, die du in der Welt sehen willst." (Gandhi)

Wie es zu diesem Buch kam

Ursprünglich sollte dieses zweite Buch ein weiterer Ratgeber, ein "Eye-Opener" für Menschen werden, die Tiere lieben und sie noch besser verstehen möchten.

Als ich vor drei Jahren meine ersten Gedanken dazu niederschrieb, war dies eine Zeit, in der es in mir brodelte wie in einem Vulkan. Meine Trauer über den Umgang mit Mutter Natur und den Tieren in unserer Welt versuchte, sich ein Ventil im Schreiben zu suchen - kein wirklich guter Start für ein Buch, das seine Leser erreichen möchte.

Dennoch, meine Trauer oder vielmehr meine tiefe Ohnmacht fanden damals über das Schreiben einen Weg, sich auszudrücken, und so habe ich einige Passagen, die du lesen wirst, eben in dieser Zeit geschrieben. Du wirst sie wahrscheinlich sofort an ihrer Energie erkennen und die damit verbundenen

Emotionen in dem ein oder dem anderen Fall vielleicht selbst nachvollziehen können.

Warum aber dann diese lange Schreibpause von zwei Jahren? Nun, jeder Mensch geht ab und an durch tiefe Krisen, und so führte mich meine Krise in drei Jahre "Seelentauchen". Mein gesamter Organismus war einer Frage gefolgt, die sich mir ungefähr ein Jahr zuvor gestellt hatte, nämlich: *Wer bin ICH eigentlich?*

Diese Frage traf mich bei einem Spaziergang mit meinen Hunden Merlin und Linus buchstäblich aus heiterem Himmel. Die Sonne schien, es war angenehm warm und der staubige Feldweg, den wir entlangliefen, führte an einem Rübenacker vorbei. An einer kleinen Kreuzung war sie auf einmal da, diese Frage, drängte fortan nach Antworten und führte mich in den folgenden Monaten wie ein tägliches Mantra in die tiefsten Tiefen meines Seins.

Begegnet bin ich auf diesem Weg nach innen mir selbst, meiner Verletzlichkeit, meiner Scham und meiner eigenen Integrität. Es ist wahrhaftig eine der größten Herausforderungen, sich selbst gegenüber die Hüllen gnadenlos fallenzulassen.

Meinem eigenen Wesen auf dieser Reise authentisch gegenüberzutreten, hat mich in dieser Zeit Schicht für Schicht abgeschält, noch tiefer sensibilisiert und weiter reifen lassen. Auf diesem Weg hielten auch die Tiere, denen ich privat und beruflich begegnet bin, Hinweise für mich bereit, die ich genauer entschlüsseln, erforschen und verstehen wollte. Über das Erkennen meiner eigenen Schwächen, das Sehen dessen, was ich vorher alles nicht gesehen habe, nicht sehen konnte oder wollte, erinnerte ich mich nach und nach an mein wahres Sein und meinen Auftrag in diesem Leben. So bin ich von Herzen in diesem Leben eine Mittlerin zwischen Menschen und Tieren. Mein Lebensweg hat mich darin geschult, beide Seiten zu verstehen und sie auf ihrem Heilungsweg und der Wiederanbindung zu ihrer eigenen Natur zu begleiten.

Diese ungeschminkte und pure Weise der Begegnung mit mir selbst hat nicht nur mich, sondern auch die Schreibweise dieses Buches verändert. So ist es nun statt eines Ratgebers im Laufe der Zeit vielmehr zu einem Werk für all die Menschen geworden, die ebenso die Bereitschaft mitbringen, sich selbst und ihr Handeln ehrlich zu hinterfragen und zu überdenken.

Die Erfahrungen, die ich auf meinem Weg machen durfte, haben viele Fragen an mich und uns alle aufkommen lassen, die unser eigenes Leben und unseren Umgang mit allem anderen Leben auf unserem wunderschönen Planeten Erde betreffen. Diesen Fragen möchte ich hier mit dir auf den Grund gehen, denn mir wurde mit dem Schreiben und den Hinweisen der Tiere immer klarer, dass es mit "Tierschutz", "Umweltschutz" und "Friedensarbeit" im Außen allein nicht getan ist, um nachhaltig für uns alle etwas zum Positiven zu verändern. Die Notwendigkeit zum Handeln besteht schon lange, das ist uns allen bewusst. Dennoch sehen wir dabei zu, wie beispielsweise riesige Flächen von Regenwald gerodet werden, seine Bewohner ihr Zuhause verlieren und um ihr Leben bangen müssen. Wir gehen daher hier der Frage nach, warum wir nicht handeln, wenn uns die Missstände bewusst sind. Wir sind beim Anblick solcher Bilder erschüttert oder schon abgestumpft und "schlafen" dennoch weiter. Wie kann das sein? Offenbar können oder wollen wir die Geschehnisse nicht in Verbindung mit uns selbst bringen. Dies soll keine Schuldzuweisung sein, denn ich möchte weiter daran glauben, dass auch du eigentlich aus tiefstem Herzen dazu beitragen möchtest, unseren Lebensraum und den der Tiere so vollkommen und wunderschön zu erhalten, wie er uns von Mutter Natur geschenkt worden ist. Ich möchte mich daher dem Thema in diesem Buch aus einer anderen Perspektive nähern, die uns unser Verhalten noch tiefer verstehen lassen soll. Meine Beobachtungen führen mittlerweile nämlich zu der Annahme, dass wir nicht wegschauen wollen, sondern uns in einer Art "Freeze"-Zustand"[1] befinden, der uns behindert. Der Frage, wie es dazu gekommen sein könnte, dass wir uns wie eingefroren, wie gelähmt fühlen und daher nicht in die so wichtigen Handlungen finden, werde ich in diesem Buch mit meinem persönlichen Blick auf die Dinge auf den Grund gehen. Hierbei schaue ich einerseits mit meinen Augen als mitfühlender Mensch und andererseits als systemische Therapeutin, die darin ausgebildet ist, das große Ganze und die darin enthaltenen Verbindungen, Beziehungen und Interaktionen sowie die Ursachen zu betrachten. Ich habe bewusst nur wenige Quellen wissenschaftlicher Forschungsberichte angeführt, die meine Informationssammlung untermauern sollen, weil ich hier als Mensch schreiben wollte, der schlichtweg fühlt und fest daran glaubt, dass wir so nicht weitermachen möchten. Die Inhalte des Buches geben meinen ganz eigenen Blickwinkel auf diesen einen Bereich möglicher Ursachen wieder und erheben keinen Anspruch auf *die* Wahrheit.

Mit meinen Recherchen zu dem Thema möchte ich dich an meinen Erfahrungen teilhaben lassen, um dir aufzuzeigen, wie auch Tiere dazu beitragen, uns Menschen zu "wecken".

Mein tiefer Wunsch ist daher, diese wunderbaren Wesen darin zu unterstützen, uns wieder mehr für uns selbst und unser natürliches Umfeld, zu dem alle fühlenden Wesen gehören, zu sensibilisieren, damit wir mit uns und dem Gefühl des All-eins-Seins wieder in Kontakt kommen können.

Meine Überzeugung ist, dass wir erst über unser eigenes "Erwachen" die Fähigkeit entwickeln können, andere fühlende Wesen[2] wirklich zu sehen, wertzuschätzen und demzufolge zu schützen.

Täglich kontaktieren mich Mensch-Tier-Teams, die kleine und große Probleme miteinander haben - und das, obwohl die Menschen bereits ihr Bestmöglichstes geben, um mit ihrem Tier eine schöne Beziehung zu leben. Anhand von Fallbeispielen aus meinem eigenen Leben, meiner therapeutischen Praxis, der mentalen Arbeit[3] mit Tieren, aus systemischen Tieraufstellungen[4] sowie aus Einzelsitzungen meiner Klienten möchte ich dir zeigen, dass eine globale positive Veränderung bereits in unseren Wohnzimmern, nämlich bei uns selbst, unseren geliebten Menschen und Haustieren, beginnt und vor allem auch möglich ist.

Wir zoomen also quasi mit dem Blick aus dem Weltall hinab auf die Erde und all ihre derzeitigen Missstände, hinein bis in deine Körperzellen, nämlich dorthin, wo DU etwas verändern kannst. Dann betrachten wir gemeinsam die Möglichkeit, wie es wohl wäre, wenn viele von uns diesen aktiven und heilsamen Weg gehen würden.

Am Ende des Buches wirst du erkannt haben, warum der Weg zur Heilung aller zunächst einmal in deine eigene Mitte führt, um dort dein Herz und deine Seele zum Klingen zu bringen. Bist du mit dir verbunden, sammelst du, zusätzlich zu meinen Vorschlägen im letzten Kapitel dieses Buches, nach und nach selbst eigene Erkenntnisse und Erinnerungen an deinen natürlichen Ursprung.

So wirst du durch dein Sein und dein Tun dein Eingebundensein und deinen Platz in unserer Gemeinschaft wirklich fühlen können, und somit kannst du ein erfülltes Leben führen und einen wichtigen Beitrag zum großen Ganzen für alle Lebewesen beisteuern.

Ich verspreche dir, dass dir in diesem Buch keine Passagen zu schlimmem Tierleid begegnen werden. Ich glaube viel eher an dauerhaft positive Veränderung durch den intensiven Kontakt zu unserem natürlichen Sein und möchte, dass du beim Lesen dein Herz offen halten kannst. Daher habe ich die Inhalte bewusst so gewählt, dass sie dich berühren und nicht verletzen. Solltest du dennoch tiefer zu einzelnen Themen recherchieren wollen, so findest du dazu Informationen am Ende des Buches.

Kurswechsel

Setz die Segel,
brich die Regel,
lass frischen Wind heftig wehen
durch deinen Körper und Geist,
lass sie erzählen von dem,
was deine Seele längst weiß …
Reiße die Mauern ein, die du auf dem Weg hast gebaut,
staune, was hinter ihnen liegt, wenn du dich hast getraut,
aufzuräumen, was dir die Sicht hat verstellt,
mit Mut hinzuschauen, auch auf das, was dir nicht gefällt.

Sei zum Wandel bereit,
öffne dich für eine neue Zeit,
in der du es bist, der die Lebenskurssegel setzt,
der sich mit seinen wahrhaftigen Wünschen vernetzt.
Höre zu, denn sie wollen sich dir offenbaren,
wage es, aus der zum Schutz gepanzerten Haut zu fahren,
die zu eng und zu lange von dir getragen ist,
die dich umhüllt, doch nicht mehr zeigt,
wer du darunter bist.

Es ist deine innere Stimme,
dein innerer Kompass, der dich leitet,
deine Zuversicht,
ein wunderbarer Freund, der dich begleitet.
Mach das Herz weit offen für den Weg,
den du noch nicht kennst,
mach den Kopf frei von Gedanken,
in die du dich nur zu gerne verrennst.

Deine Sterne stehen günstig am Firmament,
weisen den Weg,
der dir neue Aus- und Einsichten schenkt.
Die Zeit ist reif für einen Wandel im System,
für einen radikalen Austritt aus dem Verstrickungsproblem.

Setz die Segel,
brich die Regel,
so findest du zu deiner ureigenen Form,
befreit und losgelöst von
Konditionierungen und falscher Norm.

Annette Dorstijn

Ausblick auf das Buch

Nun folgt für die Neugierigen unter euch ein Ausblick auf die einzelnen Kapitel in diesem Buch. Wer ungeduldig ist und sofort loslegen möchte, kann auch direkt zu Kapitel 1 weiterblättern.

Wenn alles ganz natürlich wäre. Erinnern, wer wir sind und woher wir kommen

Dieses Buch soll eine Einladung an dich und an mich sein, ehrlich nach innen zu schauen und ungeschminkt die Diskrepanz zwischen der Realität und unserem Wunsch nach Leben, wie es für uns und alles Leben gesund und natürlich ist, zu erkennen. Vor allem aber soll uns das Buch daran erinnern, wer wir - jeder Einzelne - wirklich sind. Nämlich natürliche Wesen.

Stell dir nur einmal folgendes, paradiesisches Kurzszenario vor, bei dem ich deinen Fokus zunächst einmal auf alles, was dich umgibt, lenken und deinen Blick somit etwas weiten möchte:

Was wäre, wenn wir alle dazu beitragen und eine friedliche Welt schaffen könnten, in der wir Zeit und Raum hätten, liebevoll nach uns selbst zu schauen, achtsam unsere Mitmenschen zu begleiten, unsere Tiere besser zu verstehen und zu achten und mit Mutter Erde und ihren Ressourcen wertschätzender umzugehen? Wir würden klare, reine Luft atmen, unser Wasser wäre sauber und trinkbar, die Pflanzen würden üppig wachsen, die Tierwelt könnte sich erholen und ein natürliches Gleichgewicht würde sich wieder einstellen können. In einem Lebensraum wie diesem würden wir alle ein gesünderes, vitaleres, glücklicheres und erfüllteres Leben führen. Hier könnten wir uns in Frieden verbunden fühlen mit allem Leben, das uns umgibt. Das wäre das Ergebnis einer gelungenen Renaturierung. Es geht mir nicht um Rückschritte, denn Entwicklung gehört zum Leben dazu. Nur wäre es hilfreich, wenn wir uns erinnern, dass auch wir natürliche Wesen sind, denen die Natur nicht nur guttut, sondern die sie zum Überleben schlichtweg brauchen.

Woran erinnerst du dich noch? Wie hast du dich als Kind mit Tieren und in der Natur erlebt? Wie hast du dich dabei gefühlt? Was war dir wichtig? Und wie ist es heute?

Als Kinder fühlen wir uns instinktiv noch verbunden mit den Tieren und mit Mutter Natur. Wir wissen, was uns Freude macht, sind begeisterungsfähig, haben Energie, sind neugierig, leicht zu erfreuen, fragen den Erwachsenen Löcher in den Bauch, forschen, staunen, packen die Dinge an, probieren Neues, sind innovativ und phantasievoll. Wir lernen durch unsere Interaktionen ein angemessenes, soziales Verhalten mit anderen Menschen und Tieren. WAS aber passiert auf dem Weg in das Erwachsensein, so dass wir diese ursprüngliche, natürliche Verbindung verlernen, verlieren und sogar vergessen?

Dieser Frage werde ich auf der Suche nach Ursachen im zweiten Teil des Buches ausführlich nachgehen und dann auch aufzeigen, wie du deine natürliche Verbindung wieder aufnehmen kannst.

Zunächst möchte ich dich mit meinen eigenen Gedanken auf eine Reise zu dir selbst einladen und dich erst einmal nur darin unterstützen, dich an deine Natürlichkeit zu erinnern, falls dies überhaupt nötig sein sollte. Ich glaube, dass es wichtig ist, dass du die Erfahrung machst, dass dieser natürliche Teil in dir, der Mitgefühl und die Verbundenheit zu fühlenden Wesen empfinden kann, nicht "verloren" ist, sondern möglicherweise nur etwas mehr oder weniger "verschüttet" wurde. Sobald du ihn erinnerst und in dein Bewusstsein zurückholst, kann er wieder lebendig werden.

Mein eigener Erinnerungsversuch: Schon als Kind fühlte ich mich zutiefst der Natur und den Tieren verbunden und litt wahnsinnig, wenn ihnen Schaden oder Leid zugefügt wurde, denn ich fühlte ihr Leid bereits zu dieser Zeit in meinem eigenen Körper. Ich erinnere mich noch an eine Szene, in der mich meine Mutter festhalten musste, sie umklammerte mich regelrecht, als ich den ersten Bericht über Tierversuche im Fernsehen sah. Ich war damals 14 Jahre alt und dachte bis dahin, dass die Welt ein friedvoller Ort sei. Wir lebten auf dem Land und die meiste Zeit lief ich am liebsten barfuß durch "unsere" Felder und Wälder. Ich baute mit meinen Freunden Staudämme im plätschernden Bachlauf in dem kleinen Tal unseres Waldes. Abends kamen wir erfüllt und glücklich und natürlich richtig schön "eingesaut" nach Hause, wir fielen sauerstoffgeschwängert in einen traumerfüllten Tiefschlaf. Unsere Gefährten waren meine Hündin "Mücke", Kaninchen, Vögel, Mäuse und Blindschleichen, wir aßen Äpfel, Birnen, Pflaumen und Beeren von den Bäumen und Sträuchern am Wegesrand und lagen inmitten von Wiesen, auf denen Wildblumen blühten, mit kitzeligen Gräsern zwischen den Zehen. Wir schauten in den Himmel, während der Duft der Natur in unsere Nasen zog. Die pure Idylle.

Das war damals meine Realität - mein Bild von der Welt. Mein Weltbild wurde jedoch an diesem besagten Tag des Fernsehberichts bis auf die Grundmauern erschüttert, als ich mit ansehen musste, wie ein winselnder Cockerspaniel für einen

Tierversuch brutal in eine klitzekleine Kammer gesperrt wurde. Es zerriss mir das Herz. Bis dahin hatte ich geglaubt, auch andere Menschen könnten wie ich fühlen, was Tiere fühlen, oder hätten zumindest ein Gewissen und Mitgefühl. Im Traum wäre mir nicht eingefallen, dass Menschen zu so etwas fähig sein könnten. Ich tobte, ich schrie, mir schossen die Tränen in die Augen und ich schlug wild um mich. Meine Ohnmacht, diesem ausgelieferten Hund nicht helfen zu können, schmerzte und erschütterte mich so sehr, dass ich diesen Moment nie mehr vergessen konnte. An dem Tag wurde ich jäh aus meiner kindlichen Naivität, meiner heilen Welt gerissen und ich schwor mir, mich für die Rechte der Schwächeren, der Tiere, einzusetzen und ihnen eine Stimme zu geben. Es dauerte weitere fünf Jahre, bis mir dann auch bewusst wurde, wie es zu dem Stück Fleisch auf unseren Tellern kommt. Zu dieser Zeit, im Jahr 1987, wurde die Reportage "Fleisch frisst Menschen" von Manfred Karremann im ARD-Fernsehen ausgestrahlt. Fassungslos über so viel Grausamkeit war ich erneut meiner Ohnmacht beim Anblick der schlimmen Bilder ausgesetzt. Mein Mitgefühl für die Tiere führte dazu, dass ich sie seither nie wieder essen konnte und wollte. Es kam mir schon immer vor wie ein Verrat an ihnen, so dass mein Fleischkonsum bereits vorher sehr gering war.

Gehörst du heute auch noch zu den Menschen, denen das Herz weich wird, wenn du eine Katze dabei beobachtest, wie sie sich gemütlich einkuschelt, wenn das Blätterdach im Wald leise raschelt und die Sonne hindurchstrahlen lässt? Wenn die Vögel ihre Lieder singen, frische Luft deine Lungen füllt und die Natur eine Stille für dich zaubert, dass deine Seele einen tiefen Seufzer nehmen möchte? Dann berührst du mich, denn du bist eines der Wesen, die wir auf unserem Planeten jetzt dringend als Unterstützer brauchen.

Wäre es nicht wundervoll, wenn unsere Wildtiere keine Todesangst mehr vor uns haben müssten, so dass wir sie wieder viel öfter zu Gesicht bekämen? Wenn Kühe, Schweine und all die anderen sich wohlig im Freien aufhalten und, auf natürlichem Boden in der Gruppe ihrer Familienangehörigen stehend, die Sonne genießen könnten? Hast du schon einmal Kühe gesehen, die nach dem Winter aus dem Stall auf die Weide gelassen wurden? Wie sie freudig hopsen, rennen und buckeln? Was wäre, wenn wir den Tieren ihr Recht auf Freiheit und Leben zurückgeben würden? Welche Auswirkungen hätte dies auch auf unser Leben? Würden wir achtsamer unser Konsumverhalten beobachten und neu entscheiden, so wäre dies ein ganz großartiger Anfang, damit die Tiere ihr Leben zurückerhalten. Als ich vor über 30 Jahren zur Vegetarierin wurde, war ich noch sehr allein mit dieser Haltung und wurde oft verspottet - sogar in Restaurants. Man könne mir den Salat in die Mikrowelle stellen, war dort einmal die Antwort auf meine Frage, ob man mir auch etwas Warmes ohne Fleisch anbieten könne.

Heute sind wir glücklicherweise so viele mehr, die aufwachen und bereit sind, für die Umwelt und die Tiere entscheidende Schritte zu gehen. Unsere Tiere können hier eine wichtige Brücke sein, denn sie erinnern uns täglich an unseren natürlichen Ursprung.

Auch wenn wir in diesem Buch den Fokus auf unsere Haustiere und uns gerichtet halten, so möchte ich dennoch das große Ganze nicht aus den Augen verlieren, denn wir alle sind kleine Teile dessen und alles, was jeder Einzelne von uns tut, hat eine Wirkung.

Die Realität

Unser unbewusster Umgang mit Leben ist ein Symptom der menschlichen Entwicklung, die meines Erachtens besonders in den vergangenen 100 Jahren massiv vom Kurs des Natürlichen abgekommen ist. Wir glauben, wir wären die Krönung der Schöpfung, dabei zerstören wir gerade systematisch den Lebensraum aller Lebewesen auf diesem Planeten. Können wir das menschliche Intelligenz nennen?

Wie wir Menschen aus Unwissenheit, Unachtsamkeit, fehlender Empathie oder gar Raffgier mit Tieren umgehen, beschäftigt mich persönlich ganz besonders und ist daher der Hauptpunkt, auf den ich vor allem im Kapitel "Die Realität" in diesem Buch immer wieder unseren Blick richten werde. Dort wird unser Umgang mit allen Tieren und dann insbesondere mit unseren Haustieren behandelt. Dabei war mir wichtig, besonders die Beziehung zu unseren Tieren und die häufig daraus resultierenden Schwierigkeiten und Missverständnisse, die mir in meiner täglichen Arbeit immer wieder begegnen, zu behandeln. Insbesondere auf das Thema "kranke und sterbende Tiere" gehe ich intensiv ein, denn hier dürfen wir Menschen noch verlässlicher und sicherer werden sowie mehr im Vertrauen in unsere Intuition[5] üben.

Weil mir das Wohl der Tiere so wichtig ist, wird es durchaus aufgebrachte und auch zarte Momente geben, denn ich habe mein Herz schreiben lassen. In mir wohnt eine Kriegerin für Gerechtigkeit, die sich engagieren und denen eine Stimme geben möchte, die nicht für sich sprechen können. Dabei haben diese wundervollen Geschöpfe uns so vieles mitzuteilen. Früher ließ ich mich noch von Aggression, Ohnmacht und Wut zum Anklagen und Verurteilen verleiten. Meine Erfahrung der letzten Jahre ist jedoch, dass diese Vorgehensweise in meinem Gegenüber eine defensive Haltung auslösen muss. Damit kann ich aber nicht das bewirken, was mir so wichtig ist, nämlich der achtsame und wertschätzende Umgang mit Mutter Natur und all ihren Lebewesen. Seit ich mich mit den Ursachen statt mit den Symptomen für unser unbewusstes Verhalten beschäftige und fest daran glauben möchte, dass der Mensch nicht wirklich absichtlich einem anderen Wesen schaden möchte (ja, es gibt Ausnahmen), kann ich mehr und mehr Verständnis entwickeln. Daher versuche ich hier eher auf sanfte Art, diese Ursachen mit meinem menschlichen und psychologischen Hintergrund zu erforschen, zu erklären, aufzuklären und Möglichkeiten für heilsame Veränderungen aufzuzeigen. Wollen wir Menschen das Elend auf der Welt jedoch weiterhin von unserem kuscheligen Sessel aus bejammern oder ignorieren und nicht endlich aufwachen, dann sägen wir uns den Ast, auf dem wir alle gemeinsam sitzen, unter dem eigenen Hintern ab! Das darf jedem allmählich klar werden.

Hilfe für die Tiere

In diesem Kapitel schauen wir auf das, was wir neben allen Maßnahmen für artgerechtes Leben noch für unsere Mitgeschöpfe tun können, damit sie sich bei uns wohlfühlen. Dabei betrachten wir besonders die Beziehung zwischen unseren Haustieren und uns als ihren Menschen. Anhand von Fallbeispielen wirst du erkennen, was Tiere wirklich brauchen und wie sehr sie darauf angewiesen sind, welche Haltung wir zu ihnen einnehmen. Du erfährst, dass du "echt" sein darfst und nicht eine Rolle erfüllen musst, um deinem Tier wahrhaftig gegenübertreten zu können. Ich habe besonders die Themen Krankheit und Tod ausführlicher unter die Lupe genommen, weil ich in meiner täglichen Praxis erlebe, dass in diesem Bereich bei vielen Tierhaltern noch große Unsicherheit herrscht. So beleuchten wir ebenso den schmalen Grat zwischen Liebe und Qual, damit du zukünftig sicherer handeln und somit dein Tier liebevoll und vor allem intuitiv begleiten kannst.

Ursachen für fehlendes Bewusstsein

Ich möchte vorweg schicken, dass ich niemanden bekehren oder ein Verhalten bewerten möchte. Das steht mir nicht zu, und auch ich bin nicht perfekt. Jeder Mensch darf seine eigene Meinung haben, Entscheidungen für sich selbst treffen und dafür die Verantwortung tragen. Ich möchte auch nicht verurteilen, eher bin ich schmerzvoll berührt über das mangelnde Bewusstsein, mit dem die Menschheit in unserer Zeit sich selbst und anderen so sehr schadet. Wir sind mit den letzten Jahrhunderten ganz unbemerkt und schleichend immer *unbewusster* geworden, und viele Menschen in der heutigen Zeit wirken auf mich, als würde das Leben sie leben, aber nicht sie ihr Leben. Wir lassen uns ablenken und beeinflussen von Fernsehen, Medien, Facebook, schlimmen Nachrichten und vielem mehr, so dass unser Bewusstsein gar nicht mehr weiß, wann und wie es durch all diese Informationsfluten und Karussells in unseren Köpfen "hindurchfunken" soll, damit wir uns zwischendurch auch einmal fühlen können. Über die Jahre und mit den Generationen haben wir uns Schritt für Schritt von der Quelle entfernt, aus der wir stammen und woher wir Menschen kommen - von der Natur. Ursprünglich einmal lebten wir eng im Einklang mit ihr. Dahin zurückzufinden, wenigstens in einem umsetzbaren Rahmen, der niemandem schadet, aber allen zugute kommt, könnte die Heilung unseres Planeten bedeuten. Ich bin davon überzeugt, dass wir Symptome auflösen können, wenn wir sie an der Wurzel packen, und würde mich freuen, auch wenn ich es vielleicht nicht mehr erleben werde, wenn weltweit eine natürliche und angemessene Sensibilität für das Leben zurückkehren würde und ein bewusster, wertschätzender und integerer Umgang mit unserer Erde möglich wird.

Wenn ich von Integrität spreche, muss ich mir selbst eingestehen, dass ich mit meiner absoluten Überzeugung eine Schützerin des Lebens sein möchte und dennoch immer noch auf "Durchzug" schalten kann. Das ärgert mich! So besitze ich beispielsweise Schuhe aus Leder, weil ich zum einen gerne modische Kleidung trage und zum anderen im Winter zu eiskalten Füßen neige. Bis vor einigen Jahren war ich noch der Annahme, es würde das Leder geschlachteter Tiere verarbeitet werden und es müsste kein Tier extra für meine Schuhe sterben. Ich dachte, ich könnte mir wenigstens diesen Punkt noch irgendwie schönreden. Leider habe ich mich aber geirrt, denn es werden Tiere ausschließlich für die Lederindustrie getötet. So halte ich seither Ausschau nach Alternativen und freue mich, dass es immer mehr Anbieter für tierleidfreie Produkte gibt. Genauso geht es mir aber auch noch mit meinem heiß geliebten Milchkaffee. Auch hier hat es wieder einige Zeit gedauert, bis ich realisiert habe, dass Kühe erst ein Baby bekommen müssen, um Milch geben zu können. Eigentlich ist dies völlig logisch bei Säugetieren, aber wir konsumieren so selbstverständlich all die angebotenen Lebensmittel, dass es offensichtlich viel Bewusstheit und Informationen erfordert, die Zusammenhänge zu erkennen. Dabei müssten wir uns bei jedem Produkt, das wir kaufen und konsumieren, lediglich fragen: Wo kommt es her? Wie und unter welchen Umständen wurde es "produziert"? Dass Mütter und Kinder nach der Geburt getrennt werden, damit ich Milch im Kaffee trinken kann, ist für mich untragbar. Das gefällt mir ganz und gar nicht - UND es gibt einen Teil in mir, der immer noch schwach ist und nicht durchgängig konsequent. Wenn der Wunsch nach einem Kaffee aufkommt, sehe ich die Tiere nicht direkt vor mir. Wäre das so, würde ich sicherlich nie wieder Milch trinken. Ich habe scheinbar gelernt, sehr gut zu verdrängen - und das obwohl ich so sehr sensibilisiert bin. Ich selbst habe aus Überzeugung viele Versuche unternommen, vollwertig vegan zu leben und bin jedes Mal gescheitert, weil ich Soja nicht vertrage und starke Migräneanfälle bekommen habe (Soja kann den Östrogenspiegel beeinflussen und dadurch Migräne auslösen!). Damals dachte ich noch, ich bräuchte Soja, um meinen Eiweißbedarf decken zu können. Nach vielen Recherchen bin ich nun ernährungstechnisch so gut informiert, dass ich mich zu 98% vegan ernähre. Das reicht mir aber nicht, denn ich beteilige mich durch meinen Konsum immer noch an Handlungen, die ich selbst niemals ausführen könnte. Meine eigene Erfahrung ist, dass Veränderung in der Tat etwas Zeit braucht und nur dann möglich ist, wenn wir den Wunsch nach Veränderung nicht nur mit dem Verstand, sondern auch aus dem Gefühl einer tiefen Überzeugung anstreben. Fühle ich die Not der Kuh, der ihr Kind entrissen wird, fällt mir der Verzicht auf Milch leicht. Nehme ich mir stattdessen nur vor, auf Milch zu verzichten, ist das Risiko für einen "Rückfall" in alte Gewohnheiten sehr hoch. Mein Wunsch ist, täglich noch bewusster zu leben, und ich freue mich auf den Tag, an dem wir alle bessere und vor allem leidfreie Lösungen gefunden haben, unsere Bedürfnisse zu befriedigen.

Heilung und Transformation sind möglich

Das Ziel dieses Buches soll nicht sein, mit einer Liste in der Hand einzelne Punkte abzuarbeiten und das gesamte Leben umzukrempeln, um ein *guter* Mensch zu werden. Eine solche Liste wirst du hier nicht finden. Es geht mir vielmehr darum, den Kern deines Seins, deine Seele anzusprechen, die sich erinnert, wer du bist und wofür du hier bist - und dass du mit uns allen verbunden und niemals allein bist. Dich zu erinnern, dass du ein natürliches Wesen bist, welches die Natur zum Überleben braucht, dass du möglicherweise einen Plan hattest, als deine Seele damals in deinen Körper geschlüpft ist, dass du mit einem bestimmten Auftrag hier gelandet sein könntest, dass es etwas gibt, was nur in dir schlummert und worauf die Welt und wir alle schon die ganze Zeit warten.

Was also ist das, was *dich* von innen antreibt, was dich aufblühen lässt, dich wirklich glücklich macht? Und wo würde es dich hinbewegen, wenn du könntest, wie du wolltest? Wenn du deiner Sehnsucht folgen dürftest und nicht deiner Vernunft. Wo würdest du hingehen, was würdest du als Erstes tun, welches Gefühl würde in dir zünden? Was ist dein Ziel - dein wirklich stimmiges Lebensziel? Auf was möchtest du einmal erfüllt zurückschauen, wenn du dein Leben gelebt hast? Um das zu fühlen, braucht es deine Entscheidung, öfter auch einmal nach innen zu lauschen.

Kleine Pause: Entspannungsübung

Lust auf eine kleine Pause? Jetzt einmal kurz nach innen lauschen? Wenn du magst, dann nutze genau diesen Moment und gönn dir jetzt eine kleine Pause, in der du bewusst sein kannst. Einfach einmal nur sein. Nichts tun müssen. Nur atmen lassen. Lehne dich ganz entspannt äußerlich und innerlich zurück – du kannst dich innerlich an deine Rückseite anlehnen, dich in dich hinein entspannen. Atme. Lass dich einfach natürlich atmen. Folge deinem Atem ganz langsam und achtsam durch deinen Körper, fühle deinen Körper, beobachte, was dein Geist denkt, und lasse ihn einfach mal machen. Reitet er mit dir auf einem Gedanken davon, dann kommst du irgendwann zurück zu deinem Atem und folgst ihm wieder durch deinen Körper. Ohne Wollen. Nur beobachten. Du wirst wahrscheinlich bemerken, dass du immer wieder abschweifst. Das ist nicht schlimm, denn dass du es merkst, ist erneut dein Bewusstsein für den jeweiligen Moment. Beobachte einfach für eine kleine Weile, was in deinem Inneren vor sich geht, und vielleicht ist es eine genussvolle kleine Auszeit nur für dich.

1. KAPITEL

Wenn alles ganz natürlich wäre

... Würden wir mitten im Grünen leben, ohne Strom, ohne Heizung und ohne fließend Wasser. Mir ist sehr wohl bewusst, dass wir diesen Zustand höchstwahrscheinlich weder herstellen noch anstreben werden. Dennoch hilft diese Rückbesinnung auf ursprüngliche Lebensweisen dabei, uns aufzuzeigen, wie natürliches Leben sich von unserem modernen Leben unterscheidet und was unserem immer noch innewohnenden natürlichen Wesen eigentlich guttun würde. Mein eigener Weg führt mich daher wieder immer mehr in die Natur und zu einer ihr eher entsprechenden Lebensform. Frage mich heute noch nicht nach dem möglichen Ziel meines Weges, denn die Entwicklung geht bei mir momentan vor allem innerlich von statten, aber dort beginnt Veränderung, die mich anschließend in die Handlung führen wird.

Schauen wir nun auf die Wirkung, die Tiere auf uns haben und warum sie uns so wichtige Begleiter geworden sind. Seit Jahrtausenden schon leben Menschen und Tiere auf unterschiedlichste Weisen, aus verschiedenen Gründen und in individuellen Konstellationen zusammen. Naturvölker zeigen uns heute noch, wie eine gesunde Symbiose fühlender Wesen aussehen kann und sollte. Diese Menschen leben in einem Gleichgewicht mit Mutter Natur und dem Leben und betrachten Tiere daher als Mitgeschöpfe, denen wie uns eine Seele innewohnt. Sie begegnen ihnen entsprechend mit Achtung und Respekt. Wenn in ihren Kreisen ein Tier geopfert werden soll, damit sein Fleisch zur Nahrung, seine Knochen als Werkzeuge und sein Fell für den Schutz vor Kälte gebraucht werden, so geschieht dies mit viel Wertschätzung, indem sich die Menschen vor der Seele des Tieres verneigen, es nach seiner Bereitschaft zum "Geben" befragen und ihm für sein Opfer danken.

In unserer zivilisierten Welt suchen Menschen ebenfalls den Kontakt zu Tieren, jedoch konzentriert sich unsere Wertschätzung meist eher auf süße Hunde, kuschelige Katzen, niedliche Kleintiere und sportliche Pferde, also Tiere, die wir kuscheln, verwöhnen, lieb haben und mit denen wir unsere Freizeit verbringen können.

Warum eigentlich fühlen wir uns überhaupt zu Tieren hingezogen? Zunächst einmal glaube ich, dass unser natürliches Wesen in uns sich immer noch von allem, was Natur ist, instinktiv angezogen und bereichert fühlt. Der tiefe Bezug zu Tieren scheint uns angeboren zu sein. Schauen wir uns einmal kleine Kinder an. Wurden keine angstauslösenden Erfahrungen gemacht, reagieren sie immer offen und neugierig auf Tiere, suchen ihre Nähe und lernen schnell "ihre Sprache".

Bereits im Jahre 1872 beschrieb der Naturforscher Charles Darwin in seinem Buch "Der Ausdruck der Gemütsbewegungen bei dem Menschen und den Tieren" die Gemeinsamkeiten von körperlichen und psychischen Empfindungen bei Menschen und Tieren. Weil sie ähnliche Gefühle wie wir empfinden und ausdrücken, können wir Menschen sie lesen. Unsere

Spiegelneuronen registrieren das, was in anderen Menschen und Tieren vor sich geht.

Wir fühlen und wissen, dass wir ohne die Natur und allein, ohne Gesellschaft anderer Lebewesen, nicht existieren möchten bzw. können. Eine Weile mag es erholsam sein, sich von zu viel Alltagsstress zurückzuziehen, aber irgendwann kommt bei den meisten von uns der Wunsch nach Kontakt und Nähe wieder auf. Als soziale Wesen fühlen wir uns am wohlsten, wenn wir in einer sicheren Gemeinschaft oder Familie leben, in der wir das Gefühl von Geborgenheit erfahren dürfen. Wir Menschen haben also offensichtlich einen tiefen Wunsch nach Beziehung zu anderen Lebewesen, damit wir uns verbunden fühlen können. Wie aber entsteht Beziehung überhaupt? Unsere Körper und die anderer Säugetiere können das Bindungshormon Oxytozin, auch als Kuschelhormon bekannt, produzieren. Dies geschieht dann, wenn z. B. der Körper einer Frau die Geburt des Kindes einleitet, Kinder und Eltern sich anschauen oder kuscheln, eine Kuh ihr Kalb stillt, Liebende sich in den Armen liegen oder auch nur aneinander denken. Oxytozin senkt das Stresshormon Cortisol, so dass Entspannung und das Gefühl von Zugehörigkeit möglich werden. Demnach ist es mehr als verständlich, dass wir eine Sehnsucht nach dieser Nähe verspüren und uns mit liebenden Wesen umgeben möchten.

2. KAPITEL
Die Realität

Unsere bisherige Strategie: eine »Backform«

Bevor wir uns wieder den Tieren zuwenden, machen wir zunächst einen Exkurs zu uns Menschen, um zu verstehen, was eigentlich "hinter den Kulissen" vor sich geht.

Ich würde dich gerne auf eine kleine Reise mitnehmen: Stell dir einmal vor, es ist Montagmorgen, du hast heute ausnahmsweise frei und sitzt bequem in einem absolut sicheren Heißluftballon. Dieser Ballon schwebt in ungefähr 200 Metern über deinem Wohnort oder einer Stadt deiner Wahl. Ist dir das zu gefährlich, stellst du dir einfach vor, wie ein Vogel diese Aufnahmen für dich macht. Du siehst von hier oben auf den ganz normalen Alltag einer Stadt hinunter. Was siehst du? Du wirst wahrscheinlich viele Häuser, Autos, Straßen, Bäume und Erwachsene sehen, die zu ihrer Arbeit gehen oder fahren oder anderen Erledigungen nachgehen, sowie Kinder, die zu ihrer Schule oder dem Kindergarten laufen. Dies beobachtest du aus einer guten Entfernung in einer ruhigen, für dich angenehmen Höhe. Alles um dich herum ist völlig still und friedlich. Der Abstand zu allem unter dir ist weit genug, so dass das Treiben auf der Erde schon fast irreal wirkt - wie in einer Miniaturwelt. Du fühlst dich als unbeteiligter Beobachter. Was siehst du mit diesem Abstand? Was fällt dir besonders auf? Wirkt das, was du siehst, sinnvoll, beglückend, natürlich, bereichernd, erfüllend, verbindend oder hilfreich? Wie wirkt die Szene, die du beobachtest, auf dich? Neben all den anderen Eindrücken, die du im Moment bei deinen Beobachtungen hast, frage ich dich: Wo bist *du* bei deinen täglichen Erledigungen dort "unten" üblicherweise mit deiner Aufmerksamkeit? Lass mich raten: Du bist mit deinen Gedanken beschäftigt, während du deinen Aufgaben nachgehst. Keine Sorge! Du denkst nicht allein, denn wir Menschen in der zivilisierten Welt haben gelernt, vor allem viel in unseren Köpfen zu leben. Dort "oben" reisen wir gedanklich in die Zukunft und entwickeln Ideen und Vorstellungen davon, wie wir und unser Leben aussehen sollen. Daraus entstehen wiederum Erwartungen an uns selbst, an andere und an unsere Umwelt. Unbewusst hoffen wir, der Erfüllung von Liebe, Glück, Zugehörigkeit und Sicherheit irgendwie ein wenig näher zu kommen. Das hat die Werbeindustrie schön aufgegriffen und suggeriert uns täglich, was wir noch alles brauchen und kaufen müssen, damit wir unsere Ziele besser und schneller erreichen. Während wir uns die Köpfe buchstäblich zerbrechen, sind wir zusätzlich nahezu permanent und ungefiltert unterschiedlichsten Reizen wie Lärm, Gerüchen, Nachrichten, Bildern, Filmen, Klatsch und Tratsch ausgesetzt. Der Stresspegel steigt unaufhaltsam. Freizeit wird trotz all der Geräte, die den Haushalt erleichtern sollten, immer weniger, während die To-do-Liste einfach kein Ende finden möchte. Wir warten auf Freitag und den nächsten

Urlaub. Wir suchen händeringend nach Auswegen aus diesem Hamsterrad. In Buchhandlungen fragen wir nach Lebensratgebern und werden fündig. Dort kaufen wir Motivationsbücher und Erfolgsratgeber für die Schulung unseres genialen Geistes, mit deren Hilfe wir lernen können, uns zu optimieren und noch mehr "aus uns rauszuholen". Die Botschaft hinter einigen dieser Bücher könnte in uns Gedanken auslösen wie: *Du bist immer noch nicht gut genug! Du hast immer noch nicht genug getan. Du reichst nicht!*

Obwohl wir uns so abrackern und wirklich bereit sind, alles zu tun, haben wir immer noch nicht die Traumfigur, den Traumpartner, die Millionen auf dem Konto, die Villa im Nobelviertel, den schicken Sportwagen, das tolle Haus am Meer und was es sonst noch so zu erreichen gibt, um vermeintlich mit der Masse mithalten zu können, um etwas erreicht zu haben, um als erfolgreich zu gelten, um unsere Daseinsberechtigung zu untermauern.

Was läuft hier eigentlich schief?

Dieser Druck begleitet uns schon von Kindesbeinen an, aber irgendwann muss es - muss ich - doch mal "gut" sein. Wer hat den tollsten Roller, wer die bessere Note, wer das meiste Taschengeld und wer die schicksten Klamotten? Erinnerst du dich?

Ich weiß, das Thema ist jetzt nicht so schön, aber lass uns mal genauer hinschauen - nachher kommt die Auflösung! Versprochen!

Aus all diesen Vorstellungen und Erwartungen entwerfen wir als Mitglieder einer, wie ich finde, mittlerweile echt *schrägen* Gesellschaft früher oder später eine Art "Backform" für den

SOLL-Zustand, den wir selbst und andere erreichen möchten, sollten, müssten. Diese Backform sollte sich auch nicht allzu sehr von denen der Mitmenschen unterscheiden, um nicht negativ aufzufallen. Aber sie sollte auf angenehme Weise doch irgendwie herausstechen, damit wir uns der Bewunderung anderer sicher sein können - sonst macht der ganze Aufwand ja keinen Sinn. Aber Achtung! Zu viel erzeugt Neid statt Bewunderung und wir werden ausgegrenzt. Kennst du das Spielchen?

In diese spezielle Backform versuchen wir dann, ALLES hineinzupressen - uns selbst, unser Leben, unsere Partner und Kinder und schlussendlich unsere Haustiere. Gefühle haben hier kaum noch Platz. Seelen noch weniger. So bemühen wir uns, angepasste Gleichheit zu schaffen. Lebewesen aber sind nicht gleich.

Sind wir kurviger, als die Models auf den Hochglanzmagazinen, starten wir die nächste Diät und der Körper muss hungern. So machen wir das schon seit Jahren und kommen gar nicht auf die Idee, dass es andere Wege geben könnte. Wie wäre es, wenn du zur Abwechslung einmal deinem Körper dafür danken würdest, dass er jeden Tag so unfassbar tolle Arbeit leistet? Er atmet dich, deine Zellen leisten Höchstarbeit, dein Herz pumpt ohne Extraaufforderung jede Menge Blut durch deine Adern, Nahrung wird aufgenommen, verwertet und verdaut, deine Augen werden mit einem hauchfeinen Tränenfilm angefeuchtet. Im Schlaf regeneriert dein Körper ganz von selbst und lässt dich morgens, wenn nichts schiefgeht, erholt wieder erwachen.

Wie wäre es mit einer Herangehensweise wie dieser?

Unser Partner muss ebenso diverse Kriterien erfüllen - dabei sind die meisten davon eigentlich erst einmal ganz allein unsere eigene Zuständigkeit. An erster Stelle steht die Herausforderung, uns selbst so anzunehmen und zu lieben, wie wir sind. Das kann niemand im Außen für uns übernehmen. Das wissen wir intuitiv, und dennoch starten wir immer wieder neue Versuche in dieser Richtung. Es ist herzerwärmend und schmeichelnd, wenn uns jemand ein Kompliment macht und uns zeigt, wie liebenswert wir sind, aber das kann niemals die Leere fehlender Selbstliebe in uns füllen. Das müssen wir schon selbst übernehmen. Aber wie? Darauf komme ich noch zurück!

Der nun folgende Exkurs, in dem wir unsere nächsten Generationen betrachten, ist mir wichtig, denn sie sind die zukünftigen Hüter dieser Erde. Um global positive Veränderungen herbeiführen zu können, müssen wir uns immer das ganze System anschauen - und das tun wir gemeinsam in diesem Buch. Wenn wir also etwas für uns und die Tiere verbessern möchten, braucht es einen Blick auf uns selbst und alles, was uns umgibt - auch auf unsere Kinder.

Für unsere Kinder haben wir Pläne. Gut gemeinte Pläne, denn wir wollen ja alles "richtig" machen. Einige Kinder sind bereits verplant, bevor sie das erste Mal geatmet haben, denn ihre Geburt hat einen Termin im Kalender ihrer Eltern und sie sind schon in der KiTa angemeldet. Anschließend zwängen wir sie in völlig veraltete Schulsysteme und erwarten, dass etwas aus ihnen wird, obwohl sie bereits vollkommen sind, schon bevor sie in die Schule kommen - nämlich schon bei ihrer Geburt! Wir ALLE sind genau so, wie wir von Mutter Natur gedacht waren - großartig, wertvoll, liebenswert und von mir aus auch perfekt. Kinder möchten das unbedingt auch fühlen dürfen. Sie wehren sich - und das mit Recht, wie ich finde. Diese kleinen Menschen können nicht stundenlang sitzen und zuhören. Sie möchten sie bewegen, ihre Umwelt erleben, begreifen, erfühlen, erforschen, in sich aufsaugen - lebendig sein. Ihr freier und natürlicher "Lebens-Raum", in dem sie sich entfalten und ausprobieren können, schrumpft jedoch leider immer mehr. Körperliche Bewegung braucht das menschliche Gehirn für seine Entwicklung. Neurobiologen und Pädagogen haben mittlerweile bestätigt, dass unser Schulsystem Kindern den Lernwillen abtrainiert. Sie kommen als 6-Jährige wissensdurstig in die Schule, und dann verpasst man ihnen Trichter in den Kopf, durch die Wissen in ihre Gehirne gepresst wird. Dabei müssen sie stillsitzen. Nichts davon ist kindgerecht, und so kann ein Kind auch nichts lernen. Kinder müssen sich bewegen, erforschen, "be-greifen", testen, erfahren und vieles mehr, um lernen zu können. Sie müssen zu dem jeweiligen Thema ein Gefühl entwickeln dürfen. Dann vergessen sie nie mehr, was sie gelernt haben, denn sie haben es erfahren. Schulen in Finnland haben die kürzesten Schulzeiten und dennoch die besten Schulabgänger. ALLE Schulen im Land sind gleich. Es gibt nicht die "beste" Schule. Das, was dort an oberster Stelle steht, ist das Glück der Kinder. Sie bekommen keine Hausaufgaben auf, damit sie am Nachmittag mit ihren Freunden spielen und das wahre Leben schmecken dürfen. Die Kinder dürfen mitbestimmen, was sie lernen möchten. So bleibt ihr Wissensdurst erhalten, und die Lehrer unterstützen sie darin, ihr ganz eigenes Potenzial zu erkennen und zu entfalten.

Stattdessen werden unsere Kids mit iPads und Computerspielen ruhiggestellt. Soziale Kontakte finden immer seltener statt. Kinder brauchen die Gemeinschaft, um das Miteinander lernen zu können. Das lernen sie nicht an einem Gerät. Eine erschreckende Zahl junger Erwachsener verzweifelt derzeit über die scheinbare Aussichtslosigkeit ihres Lebens, denn sie fühlen tief in sich die Sehnsucht nach Entfaltung ihres Potenzials. Sie können sich jedoch damit in der bestehenden Gesellschaft selbst noch nicht sehen, erleben sie doch unsere Generation der Burn-outs und wollen auf keinen Fall diese Richtung einschlagen und in unsere Fussstapfen treten. Weil sie noch nicht wissen, welche Alternativen es für sie geben kann, und weil der Gegenwind der geformten Gesellschaft bei Jung und Alt massiv ist, verfallen viele in Selbstzweifel und Selbstvorwürfe. Sie fühlen sich wertlos und allein. Es bricht mir das Herz, wenn ich Anrufe von verzweifelten jungen Menschen erhalte oder von ihnen höre, dass sie in einer psychosomatischen Klinik oder sogar aufgrund von akuter Suizidalität in der geschlossenen Abteilung einer Psychiatrie untergebracht worden sind. Junge Menschen, die eigentlich gerade in ihre Selbstverwirklichung starten könnten, brechen zusammen, weil sie erschöpft sind von dem "Stutzen" ihrer wilden Triebe durch Erziehung, Schule und Gesellschaft und weil sie noch keine Zukunft für sich sehen können. Sie hören Sätze wie: "DAS macht man nicht! Du SOLLTEST das oder das tun! WAS soll denn aus dir werden?" Alles Sätze von Eltern und Mitmenschen, die selbst eingezwängt in ihrer eigenen, engen Backform sitzen, täglich Angst um ihren Job haben, selbst ihre Träume nicht gelebt haben und sich Sorgen machen, dass die nächste Generation noch schlimmer dran sein wird, wenn sie sich nicht selbst auch schnell in die gesellschaftliche Form und in das Hamsterrad begibt. Übrigens: Ein Hamsterrad sieht von innen auch aus wie eine Karriereleiter! Diesen Spruch mag ich!

WAS machen wir hier?

Ist es nicht langsam an der Zeit, wach zu werden? Ich fühle, dass viele junge Menschen dieser Generation sich nicht in diese Form begeben werden. Ich bin mir sicher, dass sie zu einer großen und heilsamen Veränderung beitragen können und alte Strukturen aufbrechen, welche uns unsere Gesundheit und unsere Lebensfreude kosten. Sie haben die Energien dafür, wissen aber noch nicht, wie sie ihre Power auf die “Bahn” bringen können und ich hoffe, sie halten durch. Ich wünsche mir für sie, dass sie zurückfinden in ihre unglaubliche Kraft und Energie - raus aus der Depression und der Resignation. Depression bedeutet Handlungsunfähigkeit, Kapitulation und Verlust der eigenen Wirkungsfähigkeit. Bitte lasst uns unsere Herzen öffnen für diese neue Generation, lasst uns neugierig darauf sein, was sie für uns bereithält. Diese Kinder brauchen dringend unsere Unterstützung und unseren Segen für diesen Umschwung, den sie anregen möchten und müssen.

Wie großartig wäre es, wenn sie ihr grandioses Potenzial erkennen, sich zusammenschließen und gemeinsam eine Revolution anzetteln, die die Menschen wachrüttelt und dazu beflügelt, diese Welt zu einem friedvollen Ort zu machen!

Ich habe dir versprochen, dass ich darauf zurückkommen werde, WIE wir uns selbst helfen können. Ausführlich werde ich darauf in der zweiten Hälfte des Buches eingehen, aber damit du schon einmal kleine Neuerungen in deinen Alltag aufnehmen kannst, kommt hier ein kleines Appetithäppchen von dem, was dich dort erwartet:

Um ein wenig zu verdeutlichen, womit wir uns tagtäglich beschäftigen und belasten, könnten dir diese drei Fragen von Byron Katie behilflich sein:

1. Wessen Angelegenheit ist es, ob du dich glücklich oder traurig fühlst?
   Deine Angelegenheit.

2. Wessen Angelegenheit ist es, ob ich mich glücklich oder traurig fühle?
   Meine Angelegenheit.

3. Wessen Angelegenheit ist das Wetter?
   Gottes Angelegenheit.

(Byron Katie sagt: Alles, was außerhalb meiner Kontrolle, deiner Kontrolle oder der Kontrolle von irgendjemand anderem liegt, nenne ich Gottes Angelegenheit.)

Wir könnten also zunächst lernen, erst einmal bei uns selbst zu schauen, was wir gerade fühlen und brauchen, und dann jeden Tag ein bisschen besser für uns selbst sorgen. Würde das jeder tun, wären wir alle bestens versorgt. Wie wäre es, wenn wir uns und unserem Gegenüber erlauben würden, der oder die zu sein, die wir von Natur aus sind und auch sein dürfen. Wie wäre es, für einen Moment der Annahme zu folgen, dass wir genauso, wie wir und die anderen sind, von der Natur geschaffen worden sind, nämlich einzigartig? Wir sind nicht geboren worden, um so zu sein, wie andere uns gerne hätten.

Lass diese Vorstellung ruhig einmal einen Moment in dir wirken.

Worauf aber lenken wir unsere Aufmerksamkeit jeden und jeden Tag, anstatt gut für uns selbst zu sorgen? Ich gebe dir einen kurzen Einblick in dieses Szenario: Wir hadern mit unserer Kindheit, weil unsere Eltern nicht die waren, die uns gutgetan haben, und der Job ist sowieso ein absoluter Fehlgriff, denn die Kollegen nerven einfach täglich und das, wofür wir uns jeden Tag durch den Stau oder in der überfüllten Bahn an den Arbeitsplatz quälen, interessiert uns in Wahrheit überhaupt nicht. Wir trennen uns und gehen die nächste Beziehung ein. Aber auch dieser Versuch scheitert. So durchlaufen wir verschiedene Beziehungen zu verschiedenen Menschen und Tieren und stolpern immer wieder in dieselben Fallen. Das Wetter ist zu kalt, zu nass oder zu heiß, die Politiker treffen falsche Entscheidungen und die Geldverteilung in unserem Land ist einfach nur unfair.

Das so komprimiert serviert zu bekommen, mag jetzt alles vielleicht etwas übertrieben klingen, aber das sind unsere täglichen Klagen, wenn wir uns mit anderen Menschen unterhalten. Wir suchen im Außen den Schuldigen, der uns all diese schlechten Zustände und Gefühle bereitet. Dabei macht das niemand im Außen - wir haben in den meisten Fällen den Job, den Partner, das Lebensumfeld frei gewählt, und wenn das so ist, so liegen die Lösung und die Heilung in uns. Würden wir unser Leben, über das wir klagen, in die Hand nehmen und die Dinge ändern können, die uns stören, würden wir uns selbst so annehmen und lieben können, wie wir sind, wären wir alle zufrieden und glücklich.

Warum aber gelingt uns das nicht? Warum suchen wir nach der Liebe, dem Glück und dem, womit wir die Leere, die wir im Inneren fühlen, im Außen? Die Antwort lautet: Weil wir nicht wissen, wie! Niemand hat es uns je gezeigt. In den frühesten Jahren war bei vielen von uns niemand da, der uns verlässlich hat fühlen lassen, dass wir liebenswert sind, dass man auf uns aufpasst, uns umsorgt und behütet. Die meisten von uns haben vielmehr im Laufe ihres Lebens Dinge erlebt, die den inneren Kern, das kleine Kind von damals so erschüttert haben, dass wir diese verletzten Gefühle regelrecht abspalten mussten, denn so etwas tut einen kleinen Kind weh. Sehr weh.

Was für Erlebnisse könnten das gewesen sein, die solch weitreichende Folgen nach sich gezogen haben? Das können zum Beispiel die erste Trennung von der Mutter (Geburt) gewesen sein, ein Unfall, eine medizinische Behandlung, die Geburt von Geschwistern, der Tod eines geliebten Menschen oder Tieres, körperliche und seelische Gewalterfahrung, Ablehnung durch die Eltern. Um diesen Schmerz nicht fühlen zu müssen, haben wir versucht, ihn zu unterdrücken, uns abzulenken, uns zu betäuben. So haben wir nach und nach gelernt, Gefühle zu verbergen oder gar zu verdrängen, bis sie unbewusst geworden sind. Wir haben die Erfahrung gemacht: Im Kopf ist es ganz einfach sicherer.

Weil unser Organismus so grandios und genial ist, versucht er, immer wieder irgendwie seine innere Balance zu finden, um weiterleben zu können - zur Not eben auch in einem Gefühl von Stabilität in der Instabilität. Die frühen seelischen Verletzungen bleiben in unserem erwachsenen Körper auf Zellebene gespeichert und müssen dort von ihm (in Schach) "gehalten" werden. Unser Körpergedächtnis vergisst nichts. Das erklärt auch, warum wir manchmal heftig auf scheinbar harmlose Dinge reagieren und uns dies selbst nicht erklären können. Sagt zum Beispiel jemand einen Satz wie "Jetzt übertreibst du aber!", so kann es sein, dass dies deinen Körper daran erinnert, wie deine Mutter dir in frühen Jahren eine Ohrfeige verbunden mit diesen Worten gegeben hat, weil du vor einem Zahnarztbesuch vor lauter Angst nicht aufhören konntest zu weinen. Du aber kannst dich heute nicht mehr daran erinnern und empfindest diese Bemerkung als zutiefst verletzend, obwohl sie eigentlich unter anderen Umständen an deiner "Oberfläche" wie an einer Teflonschicht abperlen könnte.

Durch das Drücken solcher empfindlicher emotionaler "Knöpfe" werden unsere Schatten, Ängste, Verletzungen und ungelebten Anteile regelrecht aktiviert. Das merkst du z. B. daran, dass du deine Gefühle nicht mehr “halten” kannst und sie mit dir regelrecht “durchgehen”, wie z. B. bei Wut, Angst oder auch Trauer. Wir alle kennen das, und diese Momente fühlen sich wirklich schrecklich an. All das läuft unbewusst ab, weshalb wir auch keine Lösung dafür finden können. Irgendwann verzweifeln wir regelrecht, weil wir auf Erlösung hoffen. Mittel wie Alkohol, Essen, Drogen, Sex und zu viel Arbeit helfen nur scheinbar und auch immer nur temporär. Frustriert stellen wir irgendwann fest, dass nichts und niemand unsere Hoffnung darauf, dass sich endlich etwas bessert, erfüllen wird. Diese Erkenntnis ist höchst schmerzhaft, denn dies würde bedeuten, dass wir alleine bleiben oder in dem aussichtslosen Zustand weiterleben müssten. Wollen wir das? Nicht wirklich. Was aber könnten wir tun? Wir könnten anfangen, über uns nachzudenken, uns zu fühlen und zu reflektieren, Situationen zu hinterfragen, uns Hilfe zu holen. Solche alten Verletzungen lassen sich durch verständnisvolle Gespräche mit Freunden und professionelle Therapien, die auch die Körpererfahrung mit einbeziehen, meist gut bearbeiten und nachträglich heilen. Das aber muss der betroffene Mensch erst einmal erkennen können und dann auch heilen wollen!

Verdrängen wir jedoch weiter unsere inneren “verletzten Kinder” und halten weiterhin unsere Erwartungshaltung, also unsere Backform bereit, wird sich auch die Resonanz darauf nicht wesentlich ändern können. Wie auch, denn *“wenn du immer dasselbe säst, wirst du auch immer dasselbe ernten.”*

(2. Korinther, Kapitel 9)

Kommen wir nun zurück zum Thema, denn diese scheinbare Aussichtslosigkeit kann bei manchen Menschen dazu führen, dass sie als vermeintlichen Ausweg aus ihrer verzweifelten

Lage einen neuen Partner suchen, ein Paar neue Schuhe shoppen, Kinder in die Welt setzen oder ein Haustier "kaufen"[6]. Ich wähle bewusst den Ausdruck "kaufen", denn schon diese Tatsache ist u. a. der Schlüssel für das nächste Scheitern, denn kann man sich einen Freund, einen Beziehungspartner kaufen? Kann man Leben kaufen? Ist es normal, ein Leben gegen Geld zu tauschen? Kann man z. B. Pferde "probereiten" wie Autos? Wie sieht dann eigentlich eine solche Beziehung aus? Was erwarte ich insgeheim oder ganz offensichtlich für mein Geld als Gegenwert oder Gegenleistung?

Hier sind Menschen mit einer Backform sehr klar in ihren Erwartungen. Das Tier muss gesund sein, darf kein zu großes finanzielles Risiko mit sich bringen und sollte unauffällig im Verhalten und anpassungsfähig, am liebsten devot oder wenig aggressiv sein, also möglichst gut in unsere Anspruchsform passen - nämlich in die Form des eigenen, nicht gelebten Ichs, des nicht vorhandenen Partners, des nicht geborenen Wunschkindes, der so sehr ersehnten Eltern im Rücken oder in die Form nicht vorhandener Freunde. Dann schmerzt der Schmerz der Kindheit für eine gewisse Zeit nicht mehr ganz so schlimm. Er wird aber wieder kommen. So lange, bis er wirklich geheilt ist.

Auf diese vorgefertigte und bereitgehaltene Form für das neue Haustier setzen wir nun unbeirrt einen Schriftzug für den Sollzustand, den es erfüllen soll, wie z. B. "treu", "schmusig", "wild", "verlässlich", "schön", "allzeit bereit und abrufbar".

Hier gibt es nur ein gravierendes Problem: Das alles weiß das Tier nicht und es wurde auch nicht gefragt, ob es diese Rolle übernehmen möchte. Was hätte es vermutlich geantwortet? Was würdest du antworten? Wie würdest du dich fühlen, wenn du als einzigartiges, lebendiges Wesen einer Form bzw. Rolle entsprechen solltest? Wie wäre es für dich, wenn es nicht wirklich um dich selbst ginge, sondern nur um die Wunschbesetzung für beispielsweise einen fehlenden Partner, die du einnehmen sollst, damit sich der Mensch besser fühlt und seine Einsamkeit, seine nicht gelebten Wünsche und seinen Schmerz nicht mehr fühlen muss?

Fallbeispiel aus der Praxis:
Kontrollzwang durch Überforderung

Melissas Berner-Sennenrüde Zorro wurde nach einem Einbruch vor drei Jahren von der Familie angeschafft, um das Haus zu bewachen, in dem Melissa mit ihren Eltern, ihrer Schwester Angela und den schon vorhandenen Hunden Jimmy und Krümel wohnte. Als »Wachhund« kontrollierte und bewachte Zorro irgendwann jedoch alles und nicht nur die Grundstücks- bzw. Hausgrenze. Vor allem beim gemeinsamen Spaziergang ging er auf andere Hunde los, um seine beiden kleinen »Mitbewohner«, den Havaneser »Krümel« und den Chihuahua »Jimmy« zu beschützen.

Weil Melissas Familie nicht wusste, wie sie die Situation mit Zorro in den Griff bekommen konnte, bat sie mich um Unterstützung. Ich riet Melissa, an einer systemischen Tieraufstellung teilzunehmen, damit wir die Thematik im Rahmen der gesamten Familie betrachten konnten.

Methodischer Exkurs zur systemischen Aufstellungsarbeit:

Bei einer systemischen Aufstellung, wählt der Klient (Aufsteller), der sein Thema genauer betrachten möchte, menschliche

Stellvertreter (oder auch Gegenstände) für die an seinem System, seiner Familie, beteiligten Menschen und Tiere. Diese Stellvertreter positioniert er so im Raum, wie es seinem inneren Bild des Beziehungsgeflechts der eigenen Familie oder Gruppe entspricht. Hierbei folgt der Klient ganz seinem Bauchgefühl – er muss vorher »nichts« überlegt oder gelernt haben. Dann tritt er aus seinem »System« heraus, das er aufgestellt hat, und kann unter Begleitung eines Therapeuten seine eigene Situation einmal von außen betrachten. Von außen, mit einem gewissen Abstand, werden Themen und Konstellationen neu begreifbar und Zusammenhänge klarer erkennbar.

Von diesem neuen Blickwinkel aus erkennt der Klient meist selbst schon erste Auffälligkeiten. Während der Aufsteller sein System von dieser Stelle aus wahrnimmt, fühlen sich die aufgestellten Stellvertreter im »systemischen Feld« in die Positionen ein, die sie stellvertretend eingenommen haben.

Diese Methode, die mittlerweile weltweit in der Therapie mit Familien, Gruppen oder bei Organisationen und Firmen eingesetzt wird und sich immer größerer Beliebtheit erfreut, bedient sich der Grundlage des »kollektiven, unbewussten Feldes«, wie C. G. Jung (Psychiater) das Phänomen bezeichnete, in dem wir alle miteinander verbunden sein sollen.

Die Stellvertreter sind durch diese Verbindung in der Lage, Empfindungen desjenigen, den sie vertreten, im eigenen Körper wahrzunehmen und zur Verfügung zu stellen. Für jeden Teilnehmer, der diese Erfahrung zum ersten Mal macht, ist dies meist ein sehr nachhaltiges Erlebnis, denn er kann seine Verbindung zu allem Leben fühlen – und das ist etwas, das die meisten Menschen sehr tief berührt und das ihren Horizont enorm erweitert. Mit diesen Informationen aus dem »Feld« kann der Klient, der sein System von außen betrachtet, über erste Schritte nachdenken, die dafür sorgen sollen, dass sich für alle Beteiligten eine

Balance und Entspannung in der Familie einstellt. Wie im Leben so gilt auch hier: Du kannst nicht die anderen verändern, du kannst nur dich selbst verändern. Das bedeutet, dass der Klient in einer solchen Aufstellung unterschiedliche Lösungswege sozusagen »ausprobieren« kann, indem er seine Abstände und Haltungen zu den anderen Mitgliedern so lange variiert, bis er und seine Bezugspartner ein entspanntes Miteinander gefunden haben.

Eine solche Aufstellung hat unglaublich viele Facetten und es würde zu weit führen, jeden einzelnen Schritt in diesem Buch detailliert zu beschreiben, daher habe ich die Kernschritte herausgearbeitet, um sie hier vorzustellen.

Melissas Klärungswunsch lautete: Wie können wir Zorros Schutztrieb auf das Haus reduzieren?

Für die Aufstellung wählte sie Stellvertreter aus den anwesenden Teilnehmern für ihren Vater, ihre Mutter, sich selbst, ihre Schwester Angela, Jimmy, Krümel und Zorro aus. Dann positionierte sie die Stellvertreter für die anderen Familienmitglieder, sich selbst und die Hunde im Feld. Als sie anschließend ihre Familie von außen betrachtete, fiel ihr auf, dass alle hinter Zorro standen. Dies passte zum Bild des Wachhundes, hinter dem die Familie Schutz suchte. Beim Befragen der einzelnen Stellvertreter nach ihren Empfindungen brach die Stellvertreterin für Zorro in Tränen aus. Zorro wäre alles zu viel, sagte sie. Die Last, die auf ihm lag, war eigentlich kaum zu ertragen. Sie schilderte sehr eindrücklich, dass er niemanden aus seiner Familie sehen konnte und zu niemandem wirklich Kontakt hatte, weil sie alle hinter im standen. Zorro fühlte sich sehr einsam und allein und wollte einfach nur auch einmal als Hund und als Mitglied seines Rudels und nicht nur als »Alarmanlage« wahrgenommen werden.

Die erste Intervention, die meine Klientin versuchte, um ihren Hund zu entlasten, war dann folgende: Melissa stellte sich seitlich neben Zorro und nahm über die Augen Kontakt zu ihrem Hund auf. Er dreht sich direkt zu ihr und fühlte sich sofort deutlich erleichtert, denn endlich hatte er zu jemandem Kontakt und war nicht mehr allein. Auf diese Weise konnte er auch seinen Hundefreund Jimmy besser sehen, der schräg hinter im stand.

Melissa regte weitere Veränderungen innerhalb des Familiensystems an, so dass am Ende alle Beteiligten einen Platz innerhalb der Familie fanden, auf dem sie sich wohlfühlten.

Meine Klientin sagte ihrem Hund Zorro abschließend noch einen entscheidenden und heilenden Satz: »Du bist nicht nur unsere Alarmanlage, sondern auch ein sehr wichtiges Familienmitglied, und wir sind sehr froh, dass du bei uns bist. Wir danken dir, dass du deinen Job so gut erledigt hast. Jetzt übernehme ich das (mit den anderen Hunden).«

Als ich Melissa um ihr Einverständnis[7] bat, ob ich ihr Thema für dieses Buch verwenden dürfte, lautete ihre Rückmeldung zur Aufstellung:

Es war sehr spannend, die Aufstellungsinhalte einmal aufgeschrieben zu sehen. Es führte wieder vor Augen, wie sehr sich nach der Aufstellung alles sehr positiv für uns entwickelt hat. Danke noch einmal dafür.

Zorro hat durch sein Verhalten auf sich aufmerksam gemacht, wodurch seine Menschen die Erfahrung machen konnten, wie tief die Empfindungen eines Hundes sein können.

Den meisten Menschen ist nicht bewusst, dass sie ihr Tier für besondere "Zwecke" angeschafft haben, andere wiederum sagen ganz deutlich "meine Tiere sind meine Kinder". Ich bin mir sicher, dass damit die liebevolle Betrachtung der eigenen Tiere gemeint ist, jedoch besteht die große Gefahr, dass man das Tier mit all seinen natürlichen Bedürfnissen zu leicht übersieht. Dann wird es in der Folge zu Problemen kommen *müssen*, nämlich indem das Tier sich *nicht* anpasst, *nicht* auf den Schoß kommt und Nähe sucht oder eine andere erwartete Leistung erfüllt. Wenn der Wachhund stattdessen mit dem Nachbarrüden am Gartenzaun permanent territorialen Streit anzettelt, wenn das probegerittene Pferd seinen Reiter abwirft, die Kuschelkatze die Wohnung mit Urin verunreinigt, der traumatisierte Hund den Besuch verbellt und der Spaziergang zum täglichen Horrortrip wird.

Weil das Tier ein ganz eigenes Wesen hat, quillt es aus der von uns vorgesehen Form und entspricht somit nicht den Wünschen und Erwartungen des Menschen. Wie kommt es dazu, dass wir Erwartungen an jemand anderen haben können, denn schließlich ist uns niemand etwas schuldig? Solche Erwartungen zeigen uns, wenn wir ganz ehrlich zu uns selbst sind, unsere Bedürftigkeit nach etwas, was wir bei uns selbst nicht zu finden scheinen. Folgen wir der eigenen Bedürftigkeit nach innen und erkennen, was dahinter liegt, werden wir feststellen, dass diese unerfüllten Bedürfnisse häufig noch aus unserer Kindheit stammen. In vielen Erwachsenen trauern verletzte und vernachlässigte Kinder, deren Sehnsucht nach Nähe, Schutz, Angenommensein, Liebe und Geborgenheit seit ihrer Kindheit ungestillt geblieben ist. Es ist menschlich zu hoffen, dass Partner, Kinder oder Tiere diese Bedürfnisse irgendwann doch noch erfüllen, aber das können sie niemals leisten und sie sollten es auch gar nicht erst versuchen. Aus dieser ungestillten Sehnsucht entstehen Partnerschaftskonflikte, die zunächst niemand versteht und ehemals Liebende frustriert auseinander gehen lässt. Verzweifelte Eltern finden sich in Beratungsstellen wieder, weil ihre Kinder entweder extrem aggressiv oder depressiv geworden sind oder sich gegen die Erwartungen an sie zur Wehr setzen - wie gesund von ihnen. Ehrlich gesagt, bin ich immer froh, wenn ich ein aggressives Kind erlebe, denn es hat noch die Kraft, sich aufzustellen. Ebenso machen es unsere Tiere - ist ein Tier aggressiv und noch nicht depressiv oder gar psychosomatisch erkrankt, so haben wir genügend Energieangebot, um in der gemeinsamen Arbeit mit dem Halter mit viel Antrieb die Richtung zu wechseln. Einen depressiven Menschen oder ein depressives Tier müssen wir erst einmal zurück in einen Zustand bringen, indem es eine Perspektive sehen und genügend Energie aufbringen kann, um überhaupt die Richtung wechseln zu können.

Dies braucht viel Einfühlungsvermögen und Zeit - jedoch niemals Druck und Strafe, was ich leider in vielen, oft verzweifelten Er*zieh*ungsversuchen immer wieder beobachte! Eine gute Partnerschaft, ob zwischen Menschen oder zwischen Menschen und Tieren, basiert auf Vertrauen, Verlässlichkeit, Zuwendung und emotionaler Sicherheit. Das sind die Grundlagen für eine gute Beziehung.

Bezogen auf unsere Haustiere aber kaufen wir uns Erziehungsratgeber, gehen in Hundeschulen, lassen Experten unser Pferd zureiten, rufen die Katzenpsychologin oder lassen uns vom Tierarzt Psychopharmaka und andere Medikamente verschreiben, damit das Tier sich fügt. Glücklicherweise finden sich unter diesen Fachleuten immer mehr, die längst verstanden haben, dass Tiere eigenständige Persönlichkeiten sind. Sie unterstützen Tierhalter darin, dies zu erkennen und anzunehmen. Alles andere und jeder Versuch, ein Tier zu etwas zu machen, was es nicht sein möchte, muss in einer Enttäuschung enden und kann niemals zu einer schönen Beziehung für alle Beteiligten werden. Schauen wir doch einmal bei uns selbst, denn uns würde es nicht anders ergehen. Viele von uns erinnern sich an Situationen, in denen wir das Gefühl hatten, nicht so zu sein, wie unsere Eltern oder andere uns gerne gehabt hätten. Dies führte dazu, dass wir uns "nicht richtig" gefühlt haben und teilweise heute noch fühlen. Um es für dich besser verständlich zu machen: Damit sind beispielsweise solche Momente gemeint, in denen wir uns für uns entscheiden und nicht den Erwartungen unseres Gegenübers entsprechen möchten. Ein gutes Beispiel hierfür könnte die erste Berufswahl sein, die gegen die Wünsche der Eltern gesprochen und sie möglicherweise enttäuscht hat, als der Sohn den KFZ-Betrieb des Vaters nicht übernehmen, sondern Landwirt werden wollte. Oder du hast einen Abend mit deinen Freunden abgesagt, weil du gemerkt hast, dass du lieber in Ruhe zu Hause bleiben möchtest, und wurdest nicht verstanden, sondern verurteilt. Vielleicht trägst du auch einen eigenen Kleidungsstil, der nicht in den Mainstream passt, so dass du als 17-Jährige auf dem Schulhof nicht im Kreis der Luis-Vuitton-Täschchen-Trägerinnen stehen darfst. Frust ist die Folge – im schlimmsten Fall folgen psychische und/oder körperliche Erkrankungen, weil deine Psyche tief getroffen ist und nicht weiß, wie sie das Erlebte annehmen, verarbeiten und verkraften soll. Unsere Tiere reagieren auf eine solche Behandlung nicht anders, da sie wie wir Säugetiere sind und ihr Gehirn sehr ähnlich aufgebaut ist. Sie fühlen daher ähnlich wie wir und gehen ebenso intensive Beziehungen ein, die auf Vertrauen beruhen.

Fazit:

Im Grunde ist es doch eigentlich ganz einfach. Bei jeder Frage, die wir uns für uns und unser Tier stellen, brauchen wir nur zurück zu unserem natürlichen Ursprung zu gehen und unsere bzw. die Natur fragen, wie sie die Situation regeln würde. Alle Antworten finden wir dort.

Mit wachen Augen hinschauen

Tiere sind unfassbar treue Gefährten in so vielen Lebenslagen,
doch unsere Probleme im Leben
sollen sie nicht stellvertretend für uns tragen.
Dein Tier fordert dich auf, mit wachen Augen hinzuschauen,
deine Konzepte zu hinterfragen
und deiner Wahrnehmung zu vertrauen.

Dein Tier spürt dich, lebt mit dir,
bietet sich an, als Freund und auch als Kurier.
Tiere sind Botschafter, Seismographen für Stimmungen,
spüren sensibel die Energien und ihre Schwingungen.
Sie fühlen intuitiv deine Sorgen und Themen,
vor ihnen brauchst du dich nicht zu verstecken,
nicht zu schämen.
Bei ihnen darfst du mit allem so sein, wie du bist,
doch wichtig ist, dass du dabei niemals vergisst:
Die Lösung deiner Probleme liegt bei dir.
Benutze und missbrauche hierzu nicht dein Tier!

Frage dich bitte, welche Rolle spielt dein Tier in deinem Leben?
Brauchst du es zum Kuscheln, zum Spielen, zum Reden?
Frag dich ehrlich,
welche Ansprüche du an deinen tierischen Begleiter stellst,
ob du ihn für ein wahrhaft freies Wesen hältst,
oder soll es Erfüllungsgehilfe
deiner unerfüllten Sehnsüchte und Wünsche sein?

Soll es dich ablenken, beschützen, von unangenehmen
eigenen Themen und Aufgaben befreien?

Übernimm Verantwortung
und stelle dir auch manch unbequeme Frage,
sei einfühlsam, betrachte aufrichtig
seine und deine Lebensbedingungslage.

Vielleicht lebst du abgeschottet und einsam in deiner Welt?
Frage aufrichtig dein Tier, ob es ihm wahrhaftig gefällt,
deinen großen Hunger nach Kontakt zu stillen,
Tag und Nacht zur Verfügung zu stehen, nur um deinetwillen.
Vielleicht weil du dich fürchtest, dich dem Thema zu stellen,
soll dein Tier dir die Dunkelheit erhellen.
Muss dein Tier die Einsamkeit mit dir teilen?
Seiner Freiheit beraubt mit dir
im Seelengefängnis verweilen?

Vielleicht bist du vom Leben enttäuscht und hart betrogen,
suchst einen tierischen Gefährten, welcher nicht verlogen,
dir stets treu zu Diensten ist,
dich vergessen lässt, was du vermisst,
der all deine Launen und Stimmungen
wird tragen, ohne dich zu bestrafen oder anzuklagen,
der all deine Lebensbedingungen duldet,
dem du keinerlei Erklärung schuldest.
Frag dich von Herzen: Ist das fair?
Wie betrachtest du diese Art von Beziehungsverkehr?
Wenn du bereit bist, deine Wahrheit zu erkennen,
ist der Augenblick da, um dich
von selbstschädigenden Verhaltensmustern zu trennen.

Beginne mutig mit anderen Schritten,
neue Wege zu finden, um dich
und so auch dein Tier aus alten Verstrickungen zu entbinden.

Annette Dorstijn

Ein Blick auf das Leben der Tiere in unserer menschlichen Welt

Kommen wir nun zurück zu unseren Mitgeschöpfen, den Tieren.

Bist du bereit für einen ehrlichen Blick in den Spiegel?

Das frage ich nicht, weil ich dich ärgern oder beschämen möchte. Ich möchte dich viel eher dafür sensibilisieren, was Tiere wirklich mit uns erleben.

Wie können sie ein artgerechtes Leben führen, wenn wir Lebensräume und -umstände schaffen, die nicht wenige von ihnen mit ihrem Leben bezahlen.

Ich werde im Folgenden bewusst nur sehr kurz auf unterschiedliche Tiergruppen eingehen, auf die wir Menschen einen großen Einfluss haben, denn die bestehenden Missstände dürften mittlerweile allen bekannt sein. Vielmehr möchte ich diese Tiere hier in unsere Erinnerung und unser Gewahrsein rufen, damit wir sie im Rahmen unseres "Umdenkens" entsprechend würdigen können.

Unsere Haustiere

Zunächst einmal bitte ich dich, dir selbst folgende Fragen zu stellen:

Warum möchte oder habe ich ein Tier?
Wen oder was ersetzt es möglicherweise, und welchen Platz nimmt es in meinem Leben ein?

Warum habe ich ausgerechnet dieses Tier aufgenommen?
Hat mein Tier dieser Situation zugestimmt?
Wurde es auch gefragt, ob es bei mir leben möchte?

Ich frage das deshalb, weil ich mir grundsätzlich die Frage stelle - auch mir selbst -, wie wir Menschen auf die Idee gekommen sind, Tiere zu halten, zu vermehren - häufig sogar gegen ihren Willen - und dann auch noch ihre Babys zu verkaufen und zu kaufen, wie wir es heute tun. Wer oder was gibt uns das Recht, dies zu tun?

Als ich mir selbst diese Fragen stellte, schaute ich beschämt auf meine Hunde, die derzeit bei mir leben. Mein Retriever Linus kam vor 12 und Collie Merlin vor 10 Jahren von ihren Züchtern und nicht aus dem Tierschutz zu uns. Weil damals unsere Hündin Lissy als Familienmitglied und als meine Kollegin in der therapeutischen Praxis mit uns lebte, musste gewährleistet sein, dass ein weiterer Hund absolut kinder- und tiersicher ist. Damals war meine Tochter selbst noch klein und neben Hunde-Omi Lissy wohnten noch zwei Katzen aus dem Tierschutz sowie ein steinalter Kaninchen-Opa bei uns, der auf keinen Fall gefressen werden sollte, denn auch er bewegte sich frei im Haus. Alle Bedürfnisse wie Schutz, Sicherheit und Ruhe der bereits in der Familie lebenden Menschen und Tiere wollten also berücksichtigt werden. Warum aber sollte überhaupt ein weiterer Hund zu uns kommen? Mir war es damals wichtig, Lissy als meine "Co-Therapeutin" aus Altersgründen früh genug zu entlasten, was sie sich aber bis zu ihrem Lebensende nicht nehmen lassen wollte, wie sich später herausstellte. Außerdem fühlte ich mit großer Besorgnis, dass ihr Lebenslicht allmählich kleiner wurde. Ich hatte wahnsinnige Angst vor ihrem Tod, denn wir waren uns sehr nah, und ich wusste, wie tief mich ihr Verlust schmerzen würde. Ohne sie zu sein, schien mir damals kaum vorstellbar. Die große Lücke, die sie hinterlassen würde, glich in meiner Vorstellung einem riesigen, gähnenden Loch. Etwas in mir dachte, dass dieses Loch weniger groß sein würde, wenn nach ihrem Tod wenigstens noch ein Hund, Linus, da wäre und wir nicht ganz ohne zurückblieben. Gerne hätte ich diesen zweiten Hund wie sie wieder aus dem Tierschutz aufgenommen, denn auch Lissy war so zu uns gekommen. Ich erinnere mich, dass ich wochenlang im Internet auf Tierschutzseiten nach einem passenden Hund suchte. Es fühlte sich merkwürdig an, ein Lebewesen nach einem Foto und einer kurzen Beschreibung als zu uns passend einzuschätzen. Dennoch habe ich täglich mehrere Stunden mit dieser Suche verbracht, nachdem ich die umliegenden Tierheime bereits abgeklappert hatte. Viel lieber wäre ich meinem Bauch- und Herzgefühl bei einer Live-Begegnung gefolgt, denn Lissys Kennenlernen hatte ich noch als solch schöne Erfahrungen in Erinnerung. Zwischen uns war es damals die große Liebe auf den ersten Blick gewesen. Meine Hündin war seinerzeit gerade erst nach drei Wochen Krankenstation in ihren Zwinger, den allerletzten Zwinger in einer langen Reihe aufgeregt bellender Hunde, umgesetzt worden und bot wirklich einen jämmerlichen Anblick. Man hatte sie ausgesetzt und sie war schwer verletzt im Wald gefunden worden. Eines ihrer Augen war immer noch dick geschwollen und blutunterlaufen und sie wirkte traumatisiert. Hätte diese bezaubernde Hündin, die immer noch sehr instabil wirkte, noch weitere schlimme Merkmale aufgewiesen, es wäre mir egal gewesen – ich fühlte und *wusste* einfach in diesem ersten Moment, dass unsere Seelen zueinander wollten. Wichtig war nur, dass ich zeitlich und finanziell so aufgestellt war, einen Hund aufnehmen und lebenslang die Verantwortung für ihn tragen zu können.

Warum habe ich Jahre später auf dieser Suche nach dem Zweithund nicht einfach noch länger gewartet, bis mich erneut Amors Pfeil treffen würde? Ich weiß heute ehrlich gesagt nicht mehr, was mich getrieben hat. Verschiedene sogenannte "Zufälle" führten damals dann dazu, dass ich meinem Golden Retriever Linus bei seinen Züchtern begegnet bin, und ich liebe diesen "unmöglichen" Hund über alles. Dennoch fühle ich mich heute unwohl bei dem Gedanken an seine Mutter, deren Züchter ich seinerzeit ihr Kind "abgekauft" habe - und das, obwohl Linus' Züchter tolle Menschen sind und sicher nicht im Ansatz solche Gedanken hatten wie ich zum heutigen Zeitpunkt. Ich habe ja damals auch nicht darüber nachgedacht. Heute würde ich anders entscheiden.

Gehen wir noch einen Schritt weiter. Nachdem wir ein Tier aufgenommen haben, beschränken wir es anschließend in seiner Freiheit. Wir legen z. B. dem Hund ein Halsband um. Ich wiederhole: Wir legen ihm ein Band um den Hals! Das machen wir schon so gedankenlos, dass es für uns "normal" ist. Aber das ist es nicht! Wir verpassen einem Wesen etwas, womit wir es an seiner freien Bewegung hindern. Ja, ich weiß, das tun wir zu seiner Sicherheit, wenn wir in der Stadt wohnen oder in so dicht besiedelten Gebieten, dass ein Freilauf für einen Hund zu gefährlich wäre. Ist das artgerecht? Wir ziehen und zerren an diesem Band, wenn der Hund nicht tut, was wir wollen. Fühle dich bitte für einen Moment in die Situation ein, wenn dir jemand ein Halsband umlegen und dich durch sein Leben zerren würde ... Ich finde es umso erstaunlicher, dass unsere Hunde immer noch so nett mit uns sind!

Meine Hunde tragen daher nur noch beim Spaziergang ein Halsband mit ihrer Hundemarke, quasi als Personalausweis, laufen aber frei. Nur wenn es absolut notwendig ist, denn ein Trieb ist niemals sicher kontrollierbar, wie z. B. an einer vielbefahrenen Straße, dann leine ich sie aus Sicherheitsgründen an und sie gehen mit lockerer Leine neben mir her. Das haben wir mit viel Zeit und ohne Gewalt geübt. Über die Jahre haben wir intensiv Vertrauen ineinander aufgebaut, so dass sie sich im Freilauf durch den Ort und im offenen Gelände ständig an mir orientieren. Unsere Beziehung ist das Band zwischen uns. Dahin muss die Reise gehen - nicht über Dressur und Gewalt! Das erfordert Zeit und Geduld, und die Tiere haben es verdient, dass wir sie uns nehmen. Haben wir sie nicht, dann sollten wir kein Tier aufnehmen.

Des Weiteren beschränken wir unsere Tiere durch Wände oder Gitterstäbe. So langweilen sich Millionen Tiere (Pferde bis Hamster) tagsüber stundenlang in Wohnungen und Ställen zu Tode, nur damit sich abends ein Mensch freuen kann, dass jemand auf ihn gewartet hat, ihn freudig begrüßt und nun die Freizeit mit ihm verbringt. Will das Tier das auch? Pferde springen über Hindernisse, um ihrem Menschen einen Gefallen zu tun - oder aus Angst. Und immer wenn ein Tier in diesem Elend den kläglichen Versuch wagt aufzumucken, sind wir genervt und wollen das Verhalten schnell abstellen. Haltis werden umgelegt, Pheromone und Beruhigungsmittel verabreicht oder Peitschen eingesetzt.

Wann bitte werden wir endlich wach?

Schizophren auch das Kuschelhündchen im funkelnden Täschchen auf dem schicken Stuhl am Tisch des Sternerestaurants, das nach der Gänsestopfleber bettelt, die sein Frauchen mit Pelzstola um den Hals sich gerade auf der Zunge zergehen lässt. In anderen Ländern läge das Hündchen selbst auf dem Teller und Frauchen würde sich wahnsinnig aufregen.

Wo und wie unterscheiden wir hier zwischen Kuscheltier, Zootier und "Nutztier"?

Unsere Unterhaltungstiere in Zoo und Zirkus

Der Psychologe Colin Goldner hat Menschenaffen in deutschen Zoos beobachtet. Laut seiner Recherchen erhalten die Tiere Psychopharmaka wie Diazepam (Valium)[8], weil die Haltungsbedingungen in Gefangenschaft und ohne ausreichende Rückzugsmöglichkeiten sie psychisch krank machen. Er plädiert für die Abschaffung von Zoos aus ethischen Gründen. Das wird auch endlich Zeit! Als ich vor 20 Jahren mit meiner Tochter ein einziges Mal den Zoo besuchte, erklärte ich ihr, warum wir dorthin nie wieder gehen würden. Hospitalismus beim Tasmanischen Teufel und bei den Elefanten, Depressionen bei den Eisbären, Lethargie bei vielen anderen Tieren ... Das hat mir gereicht, und sie hat meine Bedenken mit ihren zwei Jahren schon verstehen können, denn sie konnte sehen und fühlen, dass es den Tieren nicht gut ging.

David Pfender, Biologe, hat aufgezeigt[9], dass Delfine in deutschen Delfinarien über Wochen mit Psychopharmaka ruhiggestellt werden mussten, weil die Aggression gegen ihre Kinder so massiv waren, dass es zu schweren Bissverletzungen kam. Kein Wunder! Auf so engem Raum würde ich irgendwann meinen Liebsten auch an die Gurgel gehen! Nach Costa Rica, Ungarn und Chile hat auch Indien im Jahre 2013 Delfine offiziell als nichtmenschliche Personen anerkannt, deren Rechte auf Leben und Freiheit respektiert werden müssen, denn diese Tiere haben ein ähnliches Maß an Selbstbewusstsein wie wir Menschen! Was diese Länder so vorbildlich geschafft haben, sollte doch auch bei uns möglich sein. Ich träume davon, mit Delfinen schwimmen zu können, werde aber darauf hoffen, dass sie mir im offenen Meer – in ihrem Lebensraum – begegnen, und zwar dann, wenn sie es möchten. Vor einigen Jahren habe ich auf diese Weise im Indischen Ozean überraschend eine Gruppe von Manta-Rochen kennenlernen dürfen. Sie zogen an einer Insel vorbei, auf der ich damals meinen Urlaub verbrachte. Sofort stieg ich mit Flossen ins Wasser, konnte ihnen jedoch nur noch hinterhersehen. Plötzlich drehten sie um und kamen zu mir zurück – niemand außer mir war ins Meer gegangen. Unter Wasser diese sanften Riesen mit ihren weit aufgerissenen Mündern auf mich zuschweben zu sehen, war sehr beeindruckend. Leise und friedlich zogen sie immer engere Kreise um mich und wollten genau wissen, wer ich bin. Nicht einer von ihnen hat mich berührt, so wie auch ich ihre Grenzen gewahrt habe. Wir sind gemeinsam über eine Stunde in ihrem Element, dem Wasser, miteinander geschwommen. Das war ein unvergessliches Erlebnis – voller Vertrauen und Offenheit sind sich zwei sich artfremde Spezies friedvoll begegnet. Ich glaube, ihnen hat es auch gefallen.

Wenn wir Tiere in ihrem Lebensraum erleben, müssen wir uns fragen, wie ein unglückliches und krankes Tier in Gefangenschaft eine Attraktion oder gar heilende Wirkung auf Menschen ausüben können soll. Wir erfreuen uns daran, Tiere beobachten zu können. Das verstehe ich zutiefst. Wäre es nicht viel erfüllender, wenn dies in ihrem natürlichen Lebensraum stattfinden würde, denn dort leben sie artgerecht und sind unter ihresgleichen? Das, was wir in Zoos sehen, entspricht nicht dem wahren, natürlichen Wesen von Tieren. Können wir nicht nach Afrika oder Indien reisen, um Elefanten in freier Wildbahn zu treffen, dann können wir eben keinen Elefanten in natura beobachten. Tiere in unseren Breiten in Gefangenschaft zu halten, damit wir sie jederzeit sehen können, darf meines Erachtens kein Grund sein. Erklärungen, man müsse Zoos betreiben, oder die Tiere in unseren Wäldern mit großem Tamtam am Wochenende niederstrecken und aufreihen, um die Arten zu "erhalten" und "Wildpflege" zu betreiben, beleidigen meinen gesunden Menschenverstand! Würden wir uns aus den natürlichen Lebensräumen dieser Tiere fernhalten, bräuchten wir keine Zoos und auch keine fadenscheinigen "Erklärungen" von Jägern.

Tiere sind intelligente, wertvolle, fühlende und liebenswerte Wesen. Sie leben in Familienverbänden, gehen tiefe Beziehungen untereinander ein und leiden, wenn einer von ihnen stirbt. Was gibt uns das Recht, uns auf diese Weise über sie zu stellen, sie zu missbrauchen und zu töten?

Tiere im Zirkus sind ein weiteres großes Thema. Zur Unterhaltung von uns Menschen werden unsere Mitgeschöpfe häufig mit brutalen Methoden dressiert und können schon allein aufgrund des fehlenden Geländes meist nicht artgerecht gehalten werden. Wehrt sich ein Löwe oder ein Elefant gegen seine Haltungsbedingungen, indem er seinen "Lehrer" angreift, muss dies das Tier letzten Endes meist auch noch mit seinem Leben bezahlen.

Unsere Nutztiere

Meine Ausführung über die Auswirkungen unseres Handelns habe ich bislang nur auf Haustiere und Unterhaltungstiere beschränkt - also die, die wir niedlich oder interessant finden. Das sind die Tiere, die in unserer Gesellschaft wenigstens noch einen gewissen Stellenwert erreichen konnten.

Da gibt es aber noch all die anderen. Zuletzt bin ich in ein Restaurant "geraten", das immer noch Gänsestopfleber anbietet und auf Nachfragen erklärte, dass 70% der Gäste dies als Vorspeise bestellen würden. Klar, wenn es auf der Karte steht. Wäre dies nicht die Geburtstagsfeier meiner Mutter gewesen, die von diesem tierquälerischen Angebot im Vorfeld nichts ahnte, hätte ich das Restaurant sofort verlassen.

Die Haltungsbedingungen von "Nutztieren" dürften mittlerweile jedem bekannt sein. Du möchtest nicht, dass ich noch weiter aushole und meine Gedanken und meine Erfahrungen aus mentalen Tierkontakten zu unserem Umgang mit sogenannten Nutztieren mit dir teile. Ich habe dir versprochen, dass du in diesem Buch keine grausamen Bilder geschildert bekommst. Du kannst dir meine Haltung dazu aber sicher denken. Nur so viel: Schon den Begriff *Nutztier* empfinde ich als anmaßend - den Umgang mit diesen wunderbaren Rindern, Schweinen, Hühnern, Gänsen und anderen Mitgeschöpfen entsprechend widerwärtig. Wenn nicht langsam ein Umdenken einsetzt, werden wir von Mutter Natur dafür unsere Rechnung erhalten wie beispielsweise BSE und Schweinepest. Hierzu gibt es bereits reichlich lesenswerte Literatur im Handel[10].

Genannt werden müssen in diesem Zusammenhang auch Fische und andere Meeres-"Früchte", die entweder in engen "Farmen" herangezogen oder mit riesigen Fangnetzen im Meer gefischt werden, in denen auch andere Tiere leidvoll ihren Tod finden. Dass Fische keine Schmerzen im Mundbereich haben, wenn ein Angelhaken sie verletzt, ist mittlerweile widerlegt, wird aber gerne noch angezweifelt. Erstickungstod oder Kochen bei lebendigem Leib können wir bei diesen Erkenntnissen nicht länger hinnehmen.

Pelztiere

Wir sind uns sicher einig, dass wir in unseren Breiten genügend Möglichkeiten für warme Kleidung gefunden haben und dass es nicht nötig ist, fühlende Wesen wie Füchse, Zobel, Chinchillas und viele andere wunderbare Tiere unter schlimmsten Bedingungen isoliert in kleine Käfige zu sperren, in denen sie auf Gittern stehen, damit ihre Exkremente hinabfallen können. Sie leiden, um dann am Ende ihr Leben zu lassen, damit Menschen ihr Haarkleid als Luxusartikel zur Schau stellen können. Mittlerweile findet man Fell an Jacken, Mützen, Pullis – selbst an Bömmeln, die Frau sich an die Handtasche klemmen kann. Den meisten Menschen ist nicht bewusst, dass das Fell auch von Katzen und Hunden stammen könnte. Jeder, der so etwas kauft, beteiligt sich an großem Tierleid. Wer es dennoch flauschig mag, für den gibt es inzwischen sehr hochwertigen Fake-Fur (Kunstfell).

Unsere Versuchstiere

Hierzu brauche ich nicht mehr viel zu sagen, denn jeder kennt diese Thematik seit vielen Jahrzehnten. Obwohl es mittlerweile alternative Testmethoden gibt, werden Arzneimittel und Kosmetika nach wie vor an Tieren getestet. Warum? Es ist nicht einmal wirklich bewiesen, dass Tierversuche auf den Menschen übertragbar sind, und dennoch werden diese Versuche weiterhin finanziert. Wer verdient daran und wer zahlt den Preis?

Die neueste Headline aus der Biomedizin, zu der mir nur noch die Worte fehlen, lautet: *Ein Schweine-Embryo mit menschlichen Zellen* – US-Wissenschaftler haben eine Chimäre[11] über vier Wochen am Leben erhalten können. Sie wollten mit dem Versuch herausfinden, ob in Schweinen mit menschlichen Zellen menschliche Organe heranwachsen können.

Wo sind hier die Grenzen? Und ist das ethisch vertretbar?

Unsere Wildtiere

Wir haben Wild-"Hüter", Jäger, die sich um die Bestandspflege in unseren Wäldern und Feldern kümmern. Warum brauchen wir Bestandspflege? Bislang hat die Natur sich immer selbst regulieren können, bevor der Mensch meinte, mitmischen zu müssen. Es mag ehrenwerte Natur- und Wildhüter geben, denen ich ihre Liebe zu Mutter Natur abnehme. Leider aber schleicht sich bei mir immer mehr das Gefühl ein, dass sich einige Menschen durch das Abknallen von Tieren einen "Kick" verschaffen könnten. Bis letztes Jahr lebte ich noch an der Sieg, und dort wurde sehr eifrig "geballert", nämlich von Oktober bis April nahezu jedes Wochenende. Das weiß ich deshalb so genau, weil ich dort regelmäßig mit meinen Hunden spazieren ging und einer meiner Hunde panische Angst vor Schussgeräuschen hat. Als ich vor ungefähr drei Jahren mit meinen Hunden an einem Parkplatz an den Sieg-Niederungen vorbeiging, standen dort an einem Sonntagnachmittag über 20 bewaffnete Männer und Frauen, die ungeduldig auf ihren “Einsatz” warteten. Zugegeben, ihre “gute” Laune machte mich wütend, denn selbst wenn ich “Pflege” betreiben müsste und dabei ein Lebewesen sein Leben lassen würde, wäre mir im Vorfeld nicht zum Lachen zumute. Mir kam es eher so vor, als würden sie sich auf das “Abknallen” freuen. Die übliche Aufreihung der “Trophäen” nach “erfolgreicher” Jagd lässt diese Vermutung ebenfalls zu! Wenige Minuten später beobachtete ich voller Besorgnis die Wildgänse, die auf einem naheliegenden Feld gefressen und geruht hatten und zum Nachmittagsflug auf den benachbarten See ansetzten. Ich ahnte Schlimmes und hoffte, sie würden alle unversehrt dort ankommen. Dann aber fiel ein Schuss und eine der Gänse fiel getroffen herab. Dies war wieder einer der Momente, wo nichts, aber auch gar nichts mich beruhigen konnte. Am liebsten wäre ich zu den “Hütern” gerannt und hätte meine ohnmächtige Wut an ihnen ausgelassen. Glücklicherweise war ich nicht allein und jemand konnte mich tröstend in den Arm nehmen und eine Weile halten, bis mein Herz sich wieder halbwegs gesammelt hatte. Jeder weiß, dass Vögel lebenslange Partnerschaften eingehen und in engen Familienverbänden leben. Ich trauerte mit den Hinterbliebenen.

Mittlerweile gibt es Jäger, die zugeben, dass sie einer Leidenschaft folgen und das Jagen mit Lust verbinden[12]. Lust am Töten? Ich kann diesen Emotionen nicht folgen, fühle nur, dass hier etwas nicht ganz stimmen kann.

Unsere Therapietiere

Meine Hunde beispielsweise sind auch meine Kollegen in der therapeutischen Praxis für Menschen, weil sie ihre positive

Wirkung auf den Menschen von Natur aus mitbringen. Tiere sind ehrlich und schnörkellos. Ihr wertfreier Umgang mit einem anderen Wesen vermittelt das tiefe Gefühl des Angenommenseins, das sich jeder von uns so sehnlichst wünscht. Ich stelle daher die spezielle Ausbildung für Therapiehunde infrage, denn die Gabe dazu wohnt jedem Tier von Natur aus inne. Aber: Auch hier wundere ich mich, wie wir Menschen auf die Idee kommen, Tiere dahingehend zu vermarkten? Als ich vor 15 Jahren mit der tiergestützten Therapie begonnen habe, gab es zu der Zeit erst wenige Kollegen in Deutschland. Ich erhielt daher viele Anfragen von Studenten für ein Praktikum und für die Ausbildung ihrer "angehenden Therapiehunde". Ich reagierte damals schon sehr kritisch auf diesen Gedankengang, einen Hund extra für diese Einsatzbereiche ausbilden zu wollen, und beobachtete ziemlich irritiert den Markt, der sich in den Folgejahren entwickelte. Ich fragte mich, warum es sich ein Hund gefallen lassen sollte, dass sich ein Mensch z. B. aus therapeutischen Zwecken quer über ihn legt? Für mich grenzt dies, sofern die Signale des Hundes nicht gelesen und er sofort aus der Situation gehen darf, an Missbrauch. Manche Hunde finden so etwas toll und dann ist das auch okay mich. Wie jedoch sollen sie positiv auf uns wirken können, wenn sie überfordert, gestresst und missbraucht worden sind oder immer noch werden? Wie kann es sein, dass es mittlerweile Züchter gibt, die bereits Welpen als Therapiehunde verkaufen? Sind wir Menschen auch die geborenen Ärzte oder Busfahrer, weil unsere Eltern in diesen Branchen erfolgreich sind? In Beratungen habe ich den an meiner Arbeit interessierten Studenten für Psychologie oder Ergotherapie oft die Frage gestellt, was denn mit dem eigens für den Job angeschafften "Therapie-Hund" geschehen würde, wenn sich herausstellen sollte, dass er diese Arbeit nicht leisten kann oder möchte. Möchte ein

Hund z. B. einen blinden oder anders eingeschränkten Menschen begleiten oder soll Epilepsieanfälle melden, dann braucht er natürlich ein gewisses Training, um seine Sinne für etwas einzusetzen, was ihn zu einem besonderen Einsatz befähigt. Dies ist ein ganz anderes Thema, bei dem jedoch auch geschaut werden muss, ob der Hund Spaß an seinem "Job" hat.

Unsere Tiere im Auslandstierschutz

Ein weiteres, heiß diskutiertes Thema ist das Thema "Auslandstierschutz", auf das ich hier kurz eingehen möchte. Auch in Europa leben viele Tiere obdachlos auf den Straßen, ernähren sich von Abfällen und schlafen irgendwo draußen. Es gibt Menschen, die können das "Leid" dieser Tiere nicht ertragen, denn sie haben kein Kuschelsofa, auf dem sie sich an ihre Menschen schmiegen können. Stattdessen wachen sie auf, wann sie wollen, sie suchen sich Essen, wie das in der Natur so üblich ist, finden sich in Gruppen zusammen und leben in ihren sozialen Gefügen. Das ist aus meiner Sicht erst einmal alles noch sehr natürlich! Dass dieses freie Leben der Hunde und Katzen in Städten stattfindet, finde ich persönlich nicht mehr so natürlich, denn die Gefährdung der Tiere ist hier meines Erachtens zu hoch - aufgrund des Verkehrsaufkommens, wegen der Menschen, die Tiere hassen und ihnen Gewalt antun, und aufgrund übereifriger Tierschützer. Einige Tierschutzorganisationen fangen diese häufig glücklichen Tiere ein, bringen sie in örtliche Heime oder direkt nach Deutschland in ein Tierheim oder an ihre Endstelle, weil sie davon überzeugt sind, Gutes zu tun. (Wir sprechen hier nicht über die Tierhändler. Die gibt es nämlich auch noch.)

Dort werden diese, bisher an die Freiheit gewöhnten Tiere plötzlich in ihrem Freiraum beschränkt und eingesperrt. Stell dir vor, du genießt entspannt dein Leben mit deinen Freunden, dann schnappt dich jemand von der Straße weg und setzt dich in einen Raum, den du selbst nicht öffnen kannst, weil er meint, das wäre besser für dich. Dann wirst du in ein anderes Land gebracht und jemandem übergeben, den du nicht kennst und der dich jetzt anbindet, im schlimmsten Fall durch sein Leben zerrt und dir auch noch ständig auf die Pelle rückt, wenn ihm nach Kuscheln zumute ist. Kein Wunder, dass so viele Hunde von der Straße hier nicht wirklich "landen" können und ihre neuen Menschen in den Wahnsinn treiben!

Sollte jetzt der Eindruck entstehen, Auslandstierschutz wäre aus meiner Sicht nicht wichtig, möchte ich diesen Gedanken sofort ausräumen, denn natürlich gibt es auch viele positive Erfahrungsberichte!

Auch wenn es Gegner gibt, die der Meinung sind, wir hätten schon genügend herrenlose Tiere in unserem Land, halte ich die Hilfe für Tiere im Ausland für außerordentlich wichtig, denn sonst würden viele dieser Hunde und Katzen gefangen und getötet werden. Daher ist es beispielsweise sehr sinnvoll, in diesen Ländern groß angelegte Kastrationsaktionen durchzuführen, um die Anzahl obdachloser Tiere nach und nach einzudämmen. Gefährdete, verletzte und schwache Tiere brauchen Aufnahme und Versorgung. Daher bin ich den Tierschützern und -rettern vor Ort unendlich dankbar für ihren unermüdlichen Einsatz und ihren Mut, mit dem sie dort, wo sie wirklich gebraucht werden, lebenswichtige Hilfe leisten. Außerdem ist es mir ein tiefes Anliegen, über diese Menschen mit meinem Verein "Seelenhunde-on-Tour" zu berichten, um ihre wunderbaren Einsätze zu würdigen.

Lasst uns dennoch der Frage nachgehen, ob wirklich immer jedes Tier eingesammelt werden muss. Kann es nicht auch sein, dass es gerade diesem Tier dort sehr, sehr gut geht und es die Hölle für den z. B. 5-jährigen Rüden bedeuten würde, ab sofort allein in einer Wohnung viele Stunden auf Menschen zu warten, die ihn zu sich geholt haben?

Vor einigen Jahren rief mich eine Kundin an, nachdem sie aus ihrem Urlaub am Mittelmeer zurückgekehrt war. Sie hatte sich dort in einen Straßenhund verliebt und mit der ansässigen Tierschutzorganisation, die die dort lebenden Hunde zur deren Sicherheit regelmäßig beobachtet und versorgt, bereits über eine mögliche Übernahme gesprochen. Sie bat mich, diesen Hund mental zu fragen, ob er einer Adoption nach Deutschland zustimmen würde. Es hat mich erstaunt, dass sie so weit gedacht hatte! Mein Kontakt zu dem auserwählten Rüden führte dann zu folgendem Ergebnis: Der Hund fühlte sich in seinem Rudel mit anderen Straßenhunden sehr wohl und gut aufgehoben und wollte auf keinen Fall umsiedeln. Spannend fand ich folgende Information, die mir einige Tage später per Mail in die Praxis flatterte: Er und sein Rudel waren ab dem Tag meines Kontaktes nie mehr gesichtet worden.

Was mich bei dem Blick auf unseren Umgang mit Tieren besonders berührt: In meinen über 5000 mentalen Tierkontakten[13] hat sich niemals ein Tier über Menschen beschwert. Tiere sind immer loyal und niemals ungeduldig oder bösartig. Wann endlich spiegeln Menschen die Tiere?

Höchste Zeit

Es ist höchste Zeit zu begreifen,
dass mit unseren Erkenntnissen die Taten müssen reifen.

Es ist höchste Zeit nicht mehr so zu tun,
als hätten wir alle Zeit der Welt, um uns weiterhin auszuruh'n.

Es ist höchste Zeit, endlich aufzuwachen
und unsere Hausaufgaben zu machen.

Mutter Erde hat uns reich und üppig beschenkt,
doch wir haben zunehmend konsumiert und uns abgelenkt.
Bitter sind die Folgen unserer gierig, maßlosen Ausbeute,
betrachten wir das Ergebnis heute,
so müssen wir uns schonungslos schuldig bekennen
und alle unsere verursachten Desaster beim Namen nennen.

Würden die Tiere gerechtfertigt sich an uns rächen,
sie müssten uns alle Knochen zerbrechen,
sie müssten zuschauen,
wie wir uns unter großen Schmerzen neu sortieren,
während wir endlich aufwachten, um zu kapieren,
dass wir kein Mitgefühl hatten mit der
Natur und den Tieren.

Doch dem wunderbaren Wesen der Tiere entspricht diese
selbstgerechte Handlungsweise nicht,
so wartet auf uns unweigerlich ein anderes letztes Gericht,
wenn wir nicht endlich begreifen,
dass unsere Erdenpflicht darin besteht,
alles auf diesem Planeten zu ehren und zu beschützen,
statt mit brutalem Raubbau die Natur
und ihre Kreaturen auszunützen.

Wir brauchen dringend berührbare, offene Herzen,
wir brauchen Mitgefühl, um zu spüren
und zu heilen all die Schmerzen,
die wir tagtäglich unzähligen Wesen zumuten,
die wegen unserer Achtlosigkeit leiden und ausbluten.
Wir haben keine Zeit mehr, um abzuwarten,
es gilt zu beenden, die Ausbeutung und das Abschlachten.

BITTE öffne dein Herz.
BITTE beseitige den Schmerz.
BITTE schau nicht länger zu.
BITTE gib nimmermehr Ruh.
BITTE erhebe deine Stimme.
BITTE nutze deine Talente und all deine Sinne.
BITTE handle und gib, was dir möglich ist zu geben.
BITTE erkenne, es geht um unser aller kostbares Leben.

Annette Dorstijn

3. KAPITEL
Hilfe für Tiere

In den nächsten Kapiteln betrachten wir gemeinsam die Beziehung zu unseren Tieren und in welchen Bereichen noch genauer hingeschaut werden darf. Natürlich werden auch die entsprechenden Lösungswege aufgeführt, damit du als Leser am Ende des Buches weißt, was du tun kannst, um dein Leben und das der Tiere signifikant zu bereichern.

Was brauchen Tiere wirklich?

Viele Menschen leben gerne mit Tieren zusammen. Dies kann für beide Seiten eine große Bereicherung sein. Insbesondere für Betroffene, die aufgrund bestimmter Ereignisse seither den Kontakt zu anderen Menschen als bedrohlich erleben, können Tiere verlässliche und sichere Sozialpartner sein, indem sie zu einem Gefühl der eigenen Sicherheit verhelfen und somit quasi als Brücke zurück in die soziale, menschliche Welt fungieren.

Die Voraussetzung für eine heilsame Beziehung zwischen Menschen und Tieren ist, dass das Tier als Individuum wahrgenommen wird, seine Grenzen gewahrt werden und es artgerecht leben darf. Dann, wenn sich alle Beteiligten sicher, gesehen und geborgen fühlen, sprechen wir von einer positiven Wechselwirkung zwischen Menschen und Tieren, die heilsam für beide Seiten sein kann.

Um das Wohl der Tiere zu bewahren, braucht es ein genaues "Hinschauen" unsererseits, denn leider lauern im Miteinander einige Stolperfallen, welche uns häufig noch nicht einmal bewusst sind. Dies kann beispielsweise eine unreflektierte Sehnsucht von uns Menschen sein, die eine Gefahr des emotionalen und körperlichen Missbrauchs am Tier zu Folge haben kann.

Es ist daher wichtig, dass wir zunächst erst einmal erkennen, dass jedes Tier ein eigenes Wesen ist und hat. Zu schnell neigen wir nämlich dazu, unser Tier zu vereinnahmen, zu formen und unsere Erwartungen über die Natur unseres Gegenübers zu stellen.

Das größte Geschenk, das wir daher Tieren machen können, ist es, ihnen ihre Freiheit und ihr Leben zu überlassen, ihren Lebensraum sicher zu erhalten und, wenn wir intensiver mit ihnen Kontakt haben wie mit unseren Haustieren, ihre Sprache wirklich zu verstehen. Zu oft begegne ich Mensch-Tier-Teams, bei denen erkennbar ist, dass der Mensch sein Tier völlig falsch liest. Da zerrt ein kleiner Hund keifend an der Leine, wenn er einen anderen Hund sieht, und der Halter sagt abwertend oder amüsiert "so ein Angeber". Dabei steht dem armen Hund die blanke Angst ins Gesicht geschrieben. Verhaltensweisen von Tieren werden fehlinterpretiert, worauf Handlungen von uns

Menschen folgen, die erneut für Missverständnisse sorgen, wenn das Tier “Hilfsangebote” nicht annehmen möchte.

Betrachten wir die Frage *Was brauchen Tiere wirklich?*, so antwortet mein Bauchgefühl, dass Tiere uns Menschen nicht wirklich brauchen. Schließen sie sich uns aus freien Stücken an, was immer wieder vorkommt, so kann sich daraus eine wunderbare Freundschaft von beiden Seiten entwickeln. Nehmen wir Tiere ungefragt zu uns, so ist dies beim genaueren Betrachten vergleichbar mit einer Adoption bei Welpen oder einer zwangseheähnlichen Beziehung bei älteren Tieren, um nicht direkt von Gefangenschaft sprechen zu wollen. Im Grunde bräuchte es eine Einladung von uns an die Tiere und wir müssten ihnen die Entscheidung überlassen, ob sie darauf eingehen möchten. Das wäre die Basis für eine frei gewählte Beziehung. Da wir dies in den meisten Fällen nun einmal nicht getan haben, wenn ein Tier bereits bei uns lebt, ist es an uns, den Tieren im Gegenzug, so gut es geht, ein artgerechtes Leben zu ermöglichen. Daran sind die meisten Tierhalter glücklicherweise sehr interessiert, denn sie haben aus bester Absicht gehandelt und Gedanken wie diese nicht berücksichtigen können, denn sie waren ihnen nicht bewusst. Wie wir es schaffen können, zu einem besseren Kontakt zu unserem Tier zu finden, lernen wir von ihnen selbst, wenn wir bereit sind, sie wirklich kennenzulernen, ganz genau hinzuschauen und unsere eigenen Gründe für die Aufnahme eines Tieres zu hinterfragen.

Bevor ein Tier zu uns kommt, ist es wichtig, genau zu prüfen, ob wir in der Lage sind, dieses Tier im Hinblick auf alle Konsequenzen aufzunehmen. Hierfür braucht es neben Zeit, Geduld, guter Vorabschulung und finanziellen Mitteln ebenso den Blick auf die gemeinsamen Jahre bis hin zu der Zeit, in der das Tier alt wird. Ein großer Hund wird dann möglicherweise Schwierigkeiten beim Laufen haben und kann nicht mehr springen oder Treppen steigen. Wohne ich im 2. Stock eines Mehrfamilienhauses, wird dies zu Problemen führen, denn einen Schäferhund klemmt man nicht mal eben unter den Arm, um ihn von A nach B zu transportieren.

Wir dürfen uns hier nicht zu schnellen Entscheidungen verleiten lassen, denn das Leid für die Dinge, die wir "übersehen" oder falsch eingeschätzt haben, tragen am Ende die Tiere.

Sie müssen dann ein unglückliches Leben fristen, weil sie immer angeleint sind oder eingesperrt leben und nicht weg können - oder weil sie es "verlernt" haben, einfach wegzulaufen. Ich bewundere immer wieder ihre Engelsgeduld, mit der sie unsere Unwissenheit ertragen. So müssen sie sich gefallen lassen, dass kleine Kinder auf ihnen herumkrabbeln, dass jeder Fremde sie anfasst, sie müssen mit uns durch den Trubel enger Fußgängerzonen gehen, bei Hitze im Auto warten, stundenlang allein auf ihre Menschen und nachts auch noch vor der verschlossenen Schlafzimmertür auf Zuwendung hoffen. Sie müssen erdulden, als Bewegungstier in engen Boxen eingesperrt zu sein, durch Gitterstäbe zu schauen und sich unfreiwillig begatten zu lassen.

Auch ist es wichtig zu schauen, ob Mensch und Tier überhaupt zusammenpassen. Ist es ratsam, dass ein Mensch, der in der Bewegung gesundheitlich eingeschränkt ist, einen Hütehund aufnimmt? Kann ein Mensch mit wenig Zeit einem Pferd wirklich gerecht werden? Wird ein beruflich eingespannter Manager seiner Katze die Zuwendung geben können, die sie braucht, wenn er nur zum Schlafen zu Hause sein kann? Ist ein Rottweiler von einer zarten und sensiblen Frau führbar?

Kommt ein Tier zu uns, dann ist dies vergleichbar mit der Ankunft in einem uns völlig fremden Land mit fremder Kultur. Das Tier kennt unsere Sprache und unsere Gepflogenheiten noch nicht und braucht Zeit, dass wir ihm mit viel Geduld zeigen und erklären, wie unsere Welt funktioniert. Einen Welpen abzuholen und am nächsten Tag ganztags arbeiten zu gehen, würde das Tier völlig überfordern.

Zu einem gesunden und respektvollen Miteinander gehört es durchaus auch, Tiere danach zu fragen, ob sie allein oder vielleicht lieber mit anderen Tieren leben möchten. Einige Tierhalter nehmen ein Zweittier oder mehrere auf und wundern sich, dass ihr bereits vorhandenes Tier dies überhaupt nicht gutheißen möchte. Wie wäre es für dich, wenn dein Partner nach Hause kommen, jemanden neben dich auf euer Sofa im Wohnzimmer setzen und diesen Menschen als neuen Mitbewohner vorstellen würde? Ich wäre stinksauer, dass ich dazu vorher nicht gehört wurde - und Tieren geht es dabei nicht viel anders.

Fallbeispiel aus der Praxis:
Drittes Rad am Wagen

Sabrina hatte drei Katzen und wollte aus diesem Grund im Vorfeld mithilfe einer Tieraufstellung herausfinden, ob sich ihr Kater Shanti noch eine weitere Katze als Partner wünschte. Ihre anderen beiden Katzen, Star und Elisa, waren ein gut eingespieltes »Team« und der Kater wirkte häufig wie ein Außenseiter.

Als Sabrina die Stellvertreter für ihre Katzen aufstellte, hätte man dies auch zunächst so vermuten können, denn Shanti stand abseits. Wir haben alle Katzen nacheinander befragt und es stellte sich heraus, dass »das Team« Shanti sehr wohl bei sich haben wollte, er sich aber eher ablehnend verhielt (unsicher), weil er glaubte, sie wollten lieber unter sich sein. Es war sogar erkennbar, dass sich die Katzen durchaus sympathisch waren, denn es wurde regelrecht geflirtet. Sabrina erkannte zu ihrer Erleichterung, dass die Entscheidung allein bei Shanti lag, ob er Kontakt aufnehmen wollte. Die Frage nach einer vierten Katze war also sehr schnell und unkompliziert geklärt.

Zum Ende fiel Sabrina auf, dass ihr aus der Beziehung zu ihren beiden Schwestern haargenau dieselbe Konstellation bekannt war. Welch ein Zufall!

Das Feedback der Kundin drei Wochen nach der Aufstellung lautete:

Ich wollte Ihnen noch ein kurzes Feedback zu meiner Aufstellung geben. Shanti findet sich mittlerweile gut zwischen den beiden Damen wieder. Er ist viel mit Elisa draußen unterwegs, während Star bei mir im Garten bleibt. Er ist aber auch mit Star drinnen und frisst zusammen mit ihr sein Futter. Es ist schön, die drei zu beobachten. Ich habe das Gefühl, je gelassener ich werde und je entspannter, was die Katzen und auch meine Schwestern betrifft, umso besser ist es für alle Beteiligten.

Shanti war ein Spiegel für Sabrina, die in seinem Dilemma ihr eigenes mit ihren Schwestern erkennen und so in ihr Bewusstsein holen konnte.

Unsere Haustiere brauchen uns als natürliche Menschen

In diesem Kapitel möchte ich weniger darauf eingehen, wie unsere Haustiere artgerecht in Bezug auf Lebensraum, Nahrung und Zuwendung von uns versorgt werden sollten. Dass zumindest die Grundbedürfnisse eines Tieres erfüllt sein müssen, also ausreichend Bewegung, Nahrung und soziale Kontakte möglich sind, sollte selbstverständlich sein. Ich möchte in diesem Buch vielmehr aufzeigen, wie wir gesunde und natürliche Beziehungen mit ihnen führen können, so dass unsere tierischen Weggefährten sich mit uns Menschen wirklich wohlfühlen.

Die gute Nachricht vorab: Tiere machen es uns einfach, denn sie sprechen eine sehr deutliche Sprache und zeigen meist, wenn etwas für sie nicht in Ordnung ist. Sie besitzen nicht die ausgeklügelten Verdrängungsmechanismen wie wir Menschen und sind daher immer ehrlich und eindeutig in ihren Ausdrucksformen. Diese Natürlichkeit ist das, was wir so sehr an ihnen schätzen. Wird es - werden wir - unangenehm für sie, können unsere Tiere dies auf ihre Weise so klar ausdrücken, dass es für uns durchaus unerträglich werden kann. Sie zwingen uns regelrecht zum Handeln, wenn z. B. die Katze jede Ecke im Haus markiert, bis der Holzboden aufquillt, der Hund Artgenossen oder Menschen aggressiv attackiert und das Pferd immer neue Krankheiten entwickelt oder im Training blockiert. Tiere weisen wie wir Menschen mit ihrem Verhalten und ihrer Gesundheit auf ihr seelisches Ungleichgewicht hin. Wir, die die Verantwortung für unsere Tiere tragen, haben ihr Unwohlsein nicht selten selbst mit ausgelöst.

In diesem Kapitel betrachten wir die Auffälligkeiten und Krankheiten, die durch die Beziehung zwischen dir und deinem Tier entstanden sein könnten. Entwickelt dein Tier Symptome, weil es einen Unfall hatte, aus anderen Gründen erkrankt ist oder vor eurem Kennenlernen eine traumatische Erfahrung hatte, dann sind natürlich andere Maßnahmen gefragt.

Nun soll es hier nicht um Schuldzuweisungen gehen, sondern vielmehr um das Erkennen, wie die Dynamiken zwischen Menschen und Tieren ablaufen, um zukünftig mit dem zusätzlich erworbenen Wissen die Lebensbedingungen für sie und für uns zu verbessern. Jeder von uns trifft zu jedem Zeitpunkt die Entscheidung, die er in dem Moment für die allerbeste hält. Wir können nicht immer alles wissen und schon gar nicht alles richtigmachen, bevor wir es wissen. Daher bitte ich dich, verständnisvoll mit dir zu sein, solltest du beim Lesen erkennen, dass du aus Unwissenheit deinem Tier einmal Unrecht getan haben solltest. Du kannst es ab sofort anders machen.

Und hier kommt noch eine weitere, gute Nachricht: Wir können Schieflagen in vielen Fällen wieder richten und die Beziehung zu unserem Tier verbessern und heilen. Wie? Leider kann dies etwas kompliziert und auch durchaus unbequem sein. Wenn wir einmal ehrlich sind, kennen wir das Thema, das wir mit unserem Tier haben, häufig auch aus dem Kontakt mit dem einen oder anderen unserer Mitmenschen.

Nehmen wir folgendes Beispiel: Jemand, der sich noch nicht gut positionieren kann oder möchte und deshalb Schwierigkeiten im Umgang mit seinem Pferd hat, das ihn konsequent ignoriert, wird sich mit hoher Wahrscheinlichkeit auch im Umgang mit Menschen unsicher in Beziehungen geben sowie sich nur schwer abgrenzen und durchsetzen können.

Der erste Schritt führt unsere Aufmerksamkeit also zunächst *weg* vom Tier, *hin* zu uns selbst.

Wenn wir uns diese Thematik einmal genauer betrachten wollten, könnten wir uns folgende Fragen stellen:

» Wie genau bringe ich mein Tier dazu, sich auf diese Weise auszudrücken?

» Was könnte ich an meinem Verhalten verändern, um das meines Tieres zu verbessern, zu verschlimmern oder gar überflüssig werden zu lassen?

» Wann genau hat mein Tier angefangen, sich auffällig zu zeigen?

» Wie sah mein eigenes Gefühlsleben damals aus?

» Gab es Auslöser ein bis drei Jahre zuvor, die mich aus meiner inneren Balance gebracht haben und heute noch wirken könnten?

» Wie fühle ich mich grundsätzlich in meinem Leben?

» Lebe ich, wie ich es mir wünsche, so dass ich mich wohlfühlen kann?

» Wie sehen meine Beziehungen zu meinen Mitmenschen aus?

In der langjährigen therapeutischen Arbeit mit Menschen und Tieren ist mir klar geworden: Tiere spüren sehr genau, ob wir authentisch sind. Wir müssen daher gar nicht ständig strahlend und vermeintlich souverän unserem Tier gegenübertreten, wenn wir im Inneren ganz anders fühlen. Es würde nichts nützen, denn sie merken sofort, wenn wir uns verstellen. Auf Inkongruenz reagieren Tiere mit Irritation, was bereits einige ihrer ambivalenten Verhaltensweisen erklären dürfte. Erlauben wir uns jedoch, uns auf unsere eigene, innere Gefühlswelt einzulassen, anstatt sie zu verdrängen oder zu überspielen, so lernen wir uns selbst immer besser kennen und bemerken frühzeitig, wenn es uns einmal nicht gut geht. Treffen wir dabei möglicherweise sogar auf alte, immer noch schmerzhafte Themen aus unserer Vergangenheit und kümmern uns um deren Heilung, dann wird dies wiederum einen großen Einfluss auf uns selbst, unser Tier und unser gesamtes Umfeld haben.

Unser Innenleben wird uns gerne vom außen gespiegelt. Darauf könnten wir mit Ärger oder Frust reagieren. Nehmen wir diese Hinweise jedoch an und hinterfragen stattdessen interessiert, was das Ganze mit uns zu tun hat, werden die Dynamiken immer klarer und wir kommen uns mit jedem Mal einen kleinen Schritt näher.

Lust auf ein Experiment? Dann setze dich einmal deinem Tier gegenüber und denke an etwas, das dich belastet oder traurig stimmt. Beobachte dann zunächst genau, wie sich dein Gefühlsleben und deine Körperhaltung verändern. Dann beobachte dein Tier: Es kann sein, dass es direkt darauf reagiert, indem es entweder unsicher wirkt und den Abstand vergrößert oder Kontakt zu dir sucht, um zu prüfen, ob zwischen euch noch alles in Ordnung ist.

Anschließend wechsele in einen anderen Gefühlsmodus. Schau dein Tier liebevoll an und erlaube dir einmal zu fühlen, wie dankbar du bist und wie sehr du es genießt, dass du dein Leben mit deinem tierischen Weggefährten teilen darfst. Wie verändern sich dein Gefühlsleben, deine Körperhaltung und möglicherweise dein Gegenüber?

Damit kannst du im Alltag in den kommenden Tagen einmal experimentieren und beobachten, wie dein Tier auf deine unterschiedlichen Gemütszustände reagiert. Du wirst wahrscheinlich feststellen, dass deine Gedanken bestimmte Gefühle in dir auslösen, und Gefühle sind wiederum am Körper ablesbar. Scham lässt uns erröten, bei Angst ziehen wir den Kopf ein, Freude richtet uns auf. Das ist nichts Neues. Wir können aus dem Grund schlichtweg nicht *nicht* kommunizieren. Unsere Tiere haben täglich viele Stunden Zeit, uns zu studieren, und das tun sie auch. Sie benötigen keine Bücher, um uns einzuschätzen oder zu erziehen, denn sie durchschauen uns schnell, trainieren und manipulieren uns zu ihren Zwecken. Wie sie das machen? Sie folgen ihrem Instinkt.[14] Das könnten wir auch, jedoch haben viele von uns ihren Zugang zu ihm verloren. Dadurch sind wir häufig irritiert, weil wir selbst nicht wissen, an welchem inneren Kompass wir uns sicher orientieren können. Das ist nicht weiter schlimm, denn durch gezielte Übungen kann man diesen Sinn auf wundervolle Weise wieder "wachküssen" und schulen. Im letzten Drittel des Buches gehe ich darauf intensiver ein. Was du heute aber schon dafür tun kannst, wenn du möchtest? Verbringe viel Zeit in der Natur. Vielleicht gehst du sogar barfuß durch einen Wald, denn dadurch fühlst du einen direkten Kontakt zum Boden, zu Mutter Erde. Das fühlt sich toll an! Wenn du magst, dann setze dich auf eine Bank oder lehne dich an einen dicken Baum, schließe deine Augen, höre, fühle, rieche. Nimm den Boden, die Luft, das Grün, die Präsenz der Wildtiere und den starken Baum an deinem Rücken wahr. Spüre deinen Körper und beobachte deine Emotionen und Gedanken dabei. Die

Wirkung der Natur auf den Menschen, insbesondere die des Waldes, ist mittlerweile gut erforscht[15]. Die Natur, und wen wundert es, wirkt stressreduzierend und ausgleichend auf unseren gesamten Organismus. Sogar unser Immunsystem wird gestärkt. Yoga, Tai-Chi, Qigong oder Meditation sind ebenfalls wunderbar geeignet, um die Verbindung zu dir selbst und somit zu deiner Intuition zu verbessern. Am Ende des Buches findest du eine geführte Meditation, die du zu Hause anwenden kannst.

Die systemische Aufstellungsarbeit ist übrigens ebenfalls hervorragend geeignet, um deine Wahrnehmung zu schulen. Als Stellvertreter auf dem Platz eines anderen Menschen oder eines anderen Tieres fühlt dein Organismus, was die jeweilige Person oder das jeweilige Tier fühlt, ohne dass du vorab irgendeinen Kurs besuchen musstest. Diese Fähigkeit ist einfach da – schon seit deiner Geburt! Ich möchte die Frage, wie das möglich sein kann, hier gar nicht weiter ausführen, denn Quantenphysiker können dieses Phänomen viel besser erklären. Nur so viel noch einmal zur Erinnerung: Wir sind ALLE miteinander verbunden und können fühlen, was jemand anderes fühlt, auch über tausende von Kilometern hinweg (s. a. Telepathie, morphogenetisches Feld, Spiegelneuronen, Quantenphysik).

Folgendes Bild möchte ich dir zum besseren Verständnis anbieten: Im Wald siehst du lauter einzelne Bäume stehen. Es hat den Anschein, als stünde jeder für sich allein. Unterirdisch jedoch sind sie über ihre Wurzeln und die anderer Pflanzen, insbesondere Pilze, alle miteinander vernetzt und "funken", ja sie helfen sogar einander, wenn Schädlinge drohen, Wasser knapp ist oder einer von ihnen schwächelt. So ungefähr kannst du dir unsere Verbindungen untereinander vorstellen. Auch wenn sie nicht sichtbar sind, so sind sie dennoch da.

Jeder von uns hat ein solches Phänomen der unsichtbaren Verbundenheit schon spüren können, nur war uns meist nicht bewusst, dass hier universelle Kräfte am Werk waren. Du hast sicher schon einmal erlebt, dass du an jemanden gedacht hast, und in dem Moment hat dieser Mensch angerufen oder du bist ihm wenig später begegnet. Auch kann es sein, dass du auf einmal ein Gefühl hast, einem deiner Liebsten ginge es nicht gut, und kurz danach stellt sich genau dies heraus.

Über dieses "Funknetz" ist die telepathische Verbindung zu allen fühlenden Wesen möglich. Im Kleinen können wir das in unserem direkten Umfeld häufiger erleben.

Ich zum Beispiel fühle mindestens einmal am Tag meinen hungrigen Kater Clarence hinter mir sitzen, der mir mit seinen ungeduldigen Augen aus drei Meter Entfernung vorwurfsvoll ein Loch in meinen Hinterkopf brennt. Du hast bestimmt auch schon einmal das Gefühl gehabt, dass dich irgendjemand ansieht, ohne dass du denjenigen sehen konntest. Dann hast du dich suchend umgeschaut und dein Blick ist dem Augenpaar eines hoffentlich interessanten Menschen begegnet, das auf dich gerichtet war. Woher wusstest du, dass dich jemand angesehen hat? Wenn du das Gefühl erinnerst, dann wird es eine Ahnung gewesen sein, die du plötzlich hattest, und du bist ihrem Impuls gefolgt. Je öfter du deinen Impulsen nachgibst und dadurch weitere solcher Erfahrungen machst, umso deutlicher wirst du spüren, dass du feinfühliger für deine Umwelt wirst. Deine Empathie bildet sich mehr und mehr aus und dir fällt auf, dass du immer öfter sogenannte Bauchentscheidungen triffst.

Achtsame Wanderung auf dem schmalen Grat zwischen Liebe und Qual

Viele Menschen meinen es gut, und es ist ihre Sprache der Liebe, wenn sie ihre Tiere z. B. umsorgen, betüddeln, ständig mit ihnen sprechen, ihnen ihre ungeteilte Aufmerksamkeit schenken, ihnen extra angefertigte Kleidung anziehen oder sie in Taschen umhertragen. Das mag ich gar nicht bezweifeln. Wir dürfen jedoch nicht vergessen, dass auch in einem Chihuahua genauso viel Hund steckt wie in einem Rottweiler! Daher frage ich: Wie viel menschliche "Liebe" kann ein Tier ertragen?

Definieren wir zunächst einmal den Begriff "Liebe". Wikipedia definiert Liebe als stärkste Form der Zuneigung. Aus meiner Sicht bedeutet Liebe außerdem, ein Wesen in seinem Sein so anzunehmen, wie es ist, und es zu versorgen, wie es ihm gemäß ist - ohne Erwartung auf Gegenleistung. Ohne Wenn und Aber. Das beinhaltet, das geliebte Wesen "lassen" zu können, es also nicht verändern zu wollen, und zu wissen oder zu erforschen, was der andere sich wünscht und wirklich braucht. Soweit die Theorie, denn die wenigsten von uns haben Liebe in dieser reinen Form bisher selbst erfahren dürfen. Woher sollen sie dann wissen, wie bedingungsloses Lieben funktioniert?

Daher können wir nur so lieben, wie wir es in unserem Leben selbst fühlen durften. Die Tiere können uns durch ihre Offenheit und ihre Authentizität helfen, gefahrlos das Lieben zu erlernen. In unserer bisherigen Liebesfähigkeit, die wir meist unreflektiert unseren Tieren zukommen lassen, bedienen wir jedoch unbewusst eine Beziehung, die auf Geben und Nehmen beruht. Wenn wir mit bester Absicht unser Gegenüber mit dem überschütten, was uns eigentlich fehlt, und zutiefst glauben, dass es dem anderen guttun könnte, dann kann dies sehr schnell auf dramatische Weise zu mitunter schweren Missverständnissen führen. So schenkt beispielsweise ein Mensch aus Liebe seinem Hund *immer* seine ungeteilte Aufmerksamkeit. Alles, wirklich alles dreht sich im Leben dieses Menschen um sein Tier. Der tiefe, unbewusste Wunsch des Tierhalters seit seiner Kindheit ist möglicherweise der, sich endlich gesehen und geliebt zu fühlen. Damit das Tier diesen Kummer aus menschlichen Kindertagen nicht auch erleben muss, wird es mit dem versorgt, was seinem Halter damals so elementar gefehlt hat – bedingungslose Liebe. Dieser verzweifelte "Heilungs"-Versuch der menschlichen Psyche wird jedoch scheitern müssen. Niemand, weder Mensch noch Tier, kann unsere emotionale Leere füllen. Die Zuwendung, die uns von unseren Eltern verwehrt wurde, können wir uns heute als Erwachsene nur selbst schenken. Indem wir uns gut um uns kümmern, nach innen lauschen, uns immer tiefer kennenlernen, kann sich eine liebevolle Beziehung zu uns selbst entwickeln. Ein Tier jedoch, welches mit einer solchen, ungeteilten und andauernden Aufmerksamkeit überschüttet wird, muss früher oder später auffällig reagieren. Entweder es bekommt keine Luft mehr zum Atmen, wehrt alles ab, zeigt z. B. Aggressionen oder Hautreaktionen oder wählt andere Wege, sich dem zu entziehen – im schlimmsten Fall den Rückzug in eine Depression oder schwere Erkrankung, je nach Charakter des jeweiligen Tieres. Du brauchst dich nur einmal in diese Situation hineinzuversetzen. Stell dir vor, jemand schaut dich den ganzen Tag an, spricht ständig mit dir, läuft dir nach und vermutet sorgenvoll beim kleinsten Hustenreiz eine schwere Erkrankung. Du fühlst unweigerlich die unerträglich erdrückende Last, dass das Glück deines Gegenübers ganz allein von dir abhängt.

Mir ist auch aufgefallen, wie viele Menschen in Panik geraten, wenn ihr Tier einmal krank ist. Für uns gehört es zum normalen Leben dazu, dass auch schon einmal der Rücken zwickt, der Kopf schmerzt oder wir eine Erkältung ausbrüten. Hierfür würden wir selbst nicht sofort den Arzt konsultieren. Ist jedoch das geliebte Haustier einmal krank, gerät bei vielen Tierhaltern die Welt schnell aus den Fugen. Ich finde, auch Tiere dürfen schon einmal krank werden, sich in einer Auseinandersetzung mit Artgenossen einen Kratzer zuziehen oder eine Zecke mit nach Hause bringen - das ist völlig normal und gehört auch zu ihrem Leben dazu. Es ist schön, dass sich so viele Menschen für ihr Tier einsetzen, wenn es ihm einmal nicht gut geht, und auch keine Kosten und Mühen scheuen, um Fachleute aufzusuchen, die ihm wieder zu geistiger und körperlicher Gesundheit verhelfen sollen.

Auf der anderen Seite gibt es leider aber auch immer noch Menschen, die gerade in solchen Fällen ihr Tier im Stich lassen. Ist der "Output" nicht mehr gewährleistet, erfüllt das Tier also nicht mehr seinen Nutzen, wird es abgeschoben oder im schlimmsten Fall dem Tierarzt zur Euthanasie übergeben.

Ist das Tier wegen Krankheit oder Alter in einem ernsten Zustand oder macht sich gar auf den Weg, seinen Körper zu verlassen, sind viele Tierhalter völlig überfordert. Hier werden aus Hilflosigkeit in der Not unendlich viele Möglichkeiten der Lebenserhaltung ausgeschöpft, bei denen ich mich manchmal frage, ob sich das der jeweilige Halter für seinen Lebensabend auch wünschen würde. Spätestens dann wandern wir auf dem schmalen Grat zwischen Tierliebe und Qual. So werden in diesen Notsituationen manche Tiere dann mitunter in Tierkliniken abgegeben und dort alleine gelassen, damit Ärzte sie wieder auf die Beine bringen. Die psychische Komponente wird meist völlig außer Acht gelassen, dabei ist gerade eine stabile Psyche maßgeblich für eine Rekonvaleszenz. Ich durfte in den letzten Jahren viele Tiere auf ihrem letzten Weg begleiten, was immer eine sehr berührende Zeit für alle Beteiligten ist - auch für mich. Natürlich kann es sinnvoll sein, das Leben durch einen Klinikaufenthalt zu retten. Dann aber bleibe ich, wenn es irgendwie möglich ist, bei meinem Tier - ob es dem Arzt gefällt oder nicht. Der Stress, von zu Hause und der Familie weg und in einer neuen Umgebung zu sein, ist für einen Kranken schon verunsichernd genug und bedeutet enormen Stress. Geht es uns Menschen schlecht, wünschen wir uns doch auch eine vertraute Person an unserer Seite. Das ist bei Tieren nicht anders! Daher meine dringende Bitte: Lass dein Tier nicht alleine beim Tierarzt, in der Klinik oder zu Hause, wenn es einmal schwer erkrankt sein sollte. Diese wunderbaren Wesen sind schließlich keine Autos, die man zur Reparatur bringt. Unsere Tiere vertrauen uns, und das größte Geschenk, das wir ihnen machen können, ist für sie da zu sein, wenn sie uns wirklich brauchen. Nehmen wir ein Tier auf, so geben wir ihm unser Versprechen, gut für es zu sorgen.

Bereits in guten Zeiten spüren Tiere unsere Verbindlichkeit, wodurch die Bindung um einiges tiefer und vertrauter sein wird als in anderen Fällen, in denen der Mensch ein Tier nur "hält", weil es für ihn einen bestimmten Zweck erfüllen soll.

Fallbeispiel:
Mein Kater Clarence

Kurz vor Fertigstellung dieses Buches wachte ich morgens um kurz vor 7 Uhr mit rasenden Kopfschmerzen auf. Ich ging ins Bad und hörte im selben Moment meinen Kater Clarence in einem kläglichen Ton schreien, den ich niemals zuvor von ihm gehört hatte. Ich war sofort alarmiert, suchte ihn und fand ihn im Kellergeschoss neben seiner Toilette. Er hatte weit aufgerissene Augen, hechelte, hielt den Kopf schief, schrie und konnte sich nicht bewegen. Er musste in dem Moment, als ich wach wurde, einen Krampfanfall erlitten haben – seinen ersten im Alter von fast 16 Jahren. In dem Moment erklärten sich mir meine Kopfschmerzen. Sie hatten mich geweckt. Mein Aufwachen und sein Anfall hatten im selben Moment stattgefunden – welch ein Glück! Sein Zustand war höchst alarmierend und ich ließ ihn nicht mehr aus den Augen. Wer Tiere hat, weiß, wie schwierig es ist, morgens um diese Uhrzeit schnell einen Arzt ausfindig zu machen. Der Tiernotdienst hätte erst um 16 Uhr kommen können, was bei diesem Notfall zu spät gewesen wäre, denn ich vermutete einen Schlaganfall. Mein Kater hielt weiterhin seinen Kopf schief, konnte nicht mehr laufen und war orientierungslos. Um 8 Uhr kamen wir dann nach eingehender Internetrecherche in einer Tierarztpraxis an, die früh öffnet und in der er untersucht werden konnte. Die Blutabnahme ergab einen massiven Kaliummangel, was eine stationäre Unterbringung am Tropf bis zum Abend bedeutet hätte. Mein Kopf sagte zu dieser Option JA, weil ich dachte: »Okay, bis abends, das schaffen wir.« Meine Intuition jedoch entgegnete ein klares NEIN. Ich war darüber selbst ziemlich verwirrt, folgte dieser inneren Stimme aber dennoch. Kalium konnte ich auch über das Futter substituieren – also packte ich Clarence wieder ein und nahm ihn mit nach Hause. Es gibt Tiere, die sind beim Tierarzt locker und entspannt, mein Kater leider nicht. Untersuchungen gehen noch, aber sobald ihm jemand mit Nadeln oder Gerätschaften auf die Pelle rückt, zückt er seine Waffen. Ich hatte Sorge, er könnte vor lauter Stress in der Praxis versterben, und das war definitiv nicht der schönste Ort für den letzten Weg.

Im weiteren Verlauf des Tages erholte er sich etwas, torkelte aber nach wie vor durch sein Zuhause und wirkte in seinen Aktionen sehr reduziert. Es ging ihm ganz offensichtlich überhaupt nicht gut. Auch wenn er mittlerweile fast 16 Jahre alt ist, so war er immer gesund und munter, schlief zwar im Alter viel, inspizierte aber zwischendurch immer wieder sein Revier, meckerte vorwurfsvoll mit mir, dass der Napf nicht schnell genug gefüllt wurde, und verpasste mit Inbrunst der Tapete im Flur ein neues Muster. Ich verbrachte die Nacht nach dem Anfall auf dem Sofa, um ihm helfen zu können, wenn es ihm schlechter gehen würde. Am nächsten Tag erlitt er dann zu meinem Entsetzen einen weiteren Krampf. Bei dem ersten Anfall spricht man noch von »einer ist keiner« und hofft darauf, dass es sich um einen Einzelfall handelt. Diese Hoffnung starb in diesem Moment. Erneut stand ich vor der Frage »Kalium-Tropf oder nicht«, und auch die Frage nach Euthanasie schlich sich in den Raum, als ich mit der Tierärztin vom Vortag telefonierte. Sie sagte, dass dieser Weg durchaus auch gerechtfertigt wäre. Die Entscheidungsfindung war quälend, während ich neben meinem erschöpften Kater auf dem Boden saß und meine Hand zur Beruhigung auf seinen Rücken gelegt hatte. Würde ich ihn dem Stress beim Tierarzt aussetzen, ging ich ein Risiko ein. Würde ich ihm den Tropf versagen, ging ich ebenfalls ein Risiko ein. Ich rief meine liebe Kollegin Felicitas an und bat sie um ihren fachmännischen Rat als Tierhomöopathin und darum, mit Clarence mental Kontakt aufzunehmen. Ich brauchte eine zweite Meinung, denn in Notsituationen könnten meine Ängste meine Wahrnehmung verzerren. Sie war so lieb und kümmerte sich sofort um meinen Kater. Als sie mich zurückrief, bestätigte sie mein Gefühl von ihm und bestärkte mich darin, meiner Intuition weiter zu folgen, obwohl auch ihr erster Impuls in Richtung Kalium-Tropf ging. Wieder entschied ich mich gegen den ambulanten Aufenthalt in der Tierarztpraxis und hielt weiter Krankenwache bei meinem Patienten. Clarence erhielt mehrfach täglich Kalium über sein Futter und erholte sich von diesem Anfall glücklicherweise schneller als am Tag zuvor. So genoss er nachmittags wieder ausgiebig Streicheleinheiten und gab sogar seinem Ball einen kleinen Schubs. Am Abend putzte er sich erstmals und schlief – so wie sonst auch – auf dem Rücken ein, was er seit seinem ersten Anfall nicht mehr getan hatte. Dies zeigte mir, dass es ihm wieder etwas besser ging.

Es ist sehr, sehr schwer, Entscheidungen zu treffen, bei denen es um Leben oder Tod geht. Man steht buchstäblich vor der Wahl zwischen Pest und Cholera und muss eine Entscheidung treffen, die möglicherweise falsch sein könnte. Das jedoch wissen wir immer erst hinterher. Der beste Ratgeber ist dabei unser Gefühl, denn unsere Intuition hat Zugriff auf eine viel größere Weisheit oder Bibliothek als unser Gehirn. Leider vergessen wir diesen Zugang zu unserer inneren Weisheit vor allem in solchen Notsituationen oder werden von unserer Angst und Trauer gelähmt. Das ist normal, daher ist es enorm hilfreich, sich mit anderen auszutauschen und somit sicherer in der eigenen Wahrnehmung zu werden.

Um die Ursache von Clarences Kaliummangel zu ermitteln, müssten ein CT und Röntgenaufnahmen gemacht werden. Das Ergebnis wären vermutlich tumoröse Veränderungen, denn alle

Kater Clarence

anderen möglichen Ursachen konnten über das Blutbild ausgeschlossen werden. Weil ich meinem Kater in diesem Alter eine schwere Operation nicht zumuten möchte, denn sie würde ihn enorm belasten, habe ich mich gegen diese Form der Diagnostik entschieden. Sein »Rudel« wird ihm seine letzten Monate so schön wie nur irgendwie möglich gestalten. So leben wir von Tag zu Tag weiter und entscheiden täglich neu, wie wir mit dieser neuen Situation umgehen können. Wir wissen heute nicht, ob noch weitere Anfälle folgen, und wir müssen uns die Frage stellen, wie beispielsweise unser Leben aussehen wird, damit wir ihn, so gut es geht und zumindest anfangs, lückenlos betreuen können. So lange bis mein Bauchgefühl eindeutig sagt, dass Clarence leidet und ihm nicht mehr geholfen werden kann, werden wir unseren fusseligen Freund begleiten.

Chihuahua spricht

Ich bin ein Lebewesen,
kein Accessoire.
Bitte schau mich an und nimm mich wahrhaftig wahr.

Ich möchte geliebt werden, so wie ich bin,
sieh nicht nur auf mein Äußeres, erkenne meine Seele,
mein Dasein, meinen Sinn.

Ich bin ein Tier,
nicht einfach nur bei dir zur Zier,
damit du dich mit mir kannst schmücken,
ich bin da, um dich zu begleiten und zu beglücken.

Lege deine Hand auf mein Herz und fühle,
wie es sanft schlägt unter deiner Hand,
öffne dein Herz, deine Sinne und deinen Verstand.

Erkenne,
solange du mich benutzt wie einen Teil deiner Mode,
verhungere ich und mein Herz trauert sich zu Tode.

Annette Dorstijn

Tiere müssen sich auf uns verlassen können – bis zum Schluss

Befindet sich unser Tier aufgrund seines Alters oder schwerer Krankheit auf seinem letzten Weg, dann wird es uns ganz besonders brauchen und sollte sich in dieser Zeit auf uns verlassen dürfen. Das bedeutet unter Umständen, dass wir uns sogar Urlaub nehmen müssen, um es zu versorgen. Diese letzte Zeit ist eine solch intensive und berührende, dass jeder Tierhalter, den ich bislang dazu begleiten und befragen durfte, mir bestätigt hat, dass diese Phase sie und ihre Tiere noch einmal näher zueinander geführt hat.

Ist ein Tier schwerstkrank und es wird überlegt, ob noch weitere Maßnahmen zur Lebenserhaltung sinnvoll sein könnten, so muss dies in jedem einzelnen Fall sehr genau geprüft werden. Zuletzt habe ich eine Klientin begleitet, deren 19-jähriger Kater im Sterben lag. Er äußerte in der mentalen Tierkommunikation ganz klar den Wunsch, in Ruhe zu Hause in seinem gewohnten Umfeld seinen Körper verlassen zu dürfen. Seine Halterin jedoch brachte ihn in ihrer Hilflosigkeit innerhalb einer Woche in zwei verschiedene Tierkliniken und ließ ihn in der Hoffnung auf Rettung über Nacht dort, wo er später ohne seine Angehörigen verstarb.

Ich verstehe zutiefst den Ansatz, alles unternehmen zu wollen, um das geliebte Wesen zu retten. Ist aber eine Erkrankung oder das Alter so weit fortgeschritten und der Gedanke an den bevorstehenden Tod erscheint uns unerträglich, dann müssen wir sehr achtsam werden, ansonsten besteht die Gefahr, dass wir unsere Tiere mit qualvollen Maßnahmen am Leben erhalten. In dieser Zeit braucht unser Tier uns ganz besonders, und wir wiederum brauchen Unterstützung durch Mitmenschen, Tierärzte, Tierheilpraktiker und Tierkommunikatoren, die uns in unserer eigenen Wahrnehmung der Situation bestätigen, damit wir nicht ganz allein eine solch schwerwiegende Entscheidung treffen müssen. Wie schwer es ist, eine "richtige" Entscheidung zu treffen, habe ich am eigenen Leib erleben müssen.

Mein Hund Linus geriet im April 2015 in eine äußerst lebensbedrohliche Situation[16]. Er hatte ein halbes Jahr zuvor einen Bandscheibenvorfall, den wir aufwändig operieren ließen. Mit Hilfe von Physiotherapie lernte er wieder laufen, jedoch hielt diese Phase der Genesung nicht lange an. Er konnte schließlich nur noch wenige Meter humpeln und ich stand genau vor dieser entscheidenden Frage. Fünf konsultierte Spezialisten sahen für Linus keine Möglichkeit der Genesung und wir kamen in unserer Verzweiflung an einen Punkt, an dem ich kurz davor war aufzugeben, obwohl mein Gefühl sagte, dass Linus noch nicht so weit war, seinen Körper verlassen zu wollen. Dies bestätigte er mir in einem berührenden Moment, als wir beide voreinander seitlich auf dem Teppich lagen und ich seine Pfote hielt. Auf meine Frage, was ich tun sollte, antwortete er: "Gib mir noch etwas Zeit." Es ging ihm mittlerweile wirklich schlecht und ich wollte ihn nicht quälen. Glücklicherweise kam dann doch noch die Rettung durch eine Tier-Osteopathin in buchstäblich letzter Minute. Durch ihre Behandlungen, kombiniert mit unserer Pflege und Präsenz, wurde Linus noch einmal mobil und ist heute mit seinen 13 Jahren wieder flott unterwegs. Unter den konsultierten Ärzten gab es einige, die der Meinung waren, dass ein Hund, der kaum noch laufen kann, keine Lebensqualität mehr hätte. Linus hatte zu der Zeit, in denen solche Äußerungen fielen, immer noch seinen wachen und frechen Blick und ich weigerte mich vehement, ihn einschläfern zu lassen, denn ich fühlte eindeutig, dass er noch bleiben wollte. Würden wir mit dieser Haltung durch die Welt gehen, würden die meisten gehbehinderten Menschen spätestens im Rollstuhl ihr Recht auf Leben verlieren. Da fehlen mir schlichtweg die Worte!

Hätte ich Linus, als sich sein Befinden verschlechterte und schlimme Schmerzen hinzukamen, weiter in diesem Zustand gelassen, hätte ich ihm Qualen zugemutet. Und da sind wir an einem wichtigen Punkt: Wir sollten uns immer wieder fragen: Was ist wirklich das Beste für mein Tier? Als mein Hund noch schmerzfrei war, kämpfte ich mit allen mir zur Verfügung stehenden Mitteln um ihn, denn ich war mir sicher, dass er trotz massiver Einschränkungen immer noch Spaß am Leben hatte. Er liebte Suchspiele im Liegen, war immer noch verrückt nach Essen, wollte auf den paar Metern, die er humpeln konnte, noch schnüffeln und markieren und sein Geist war hellwach. In dem nachfolgenden, schweren Schmerzzustand war ihm all das nicht mehr möglich. Linus lag nur noch teilnahmslos auf seiner orthopädischen Matratze und hielt einen Schmerz aus, den Medikamente nicht lindern konnten. Das war nicht mehr hinnehmbar! Glücklicherweise haben wir die "Kurve" noch einmal "kratzen" können und er hat seine Lebenszeit jetzt schon um 3 Jahre verlängert. Ich bin unendlich dankbar für die geschenkte Zeit.

Linus im Schmerzzustand

Linus mit Merlin heute - drei Jahre später

Wenn wir uns voneinander verabschieden müssen

Mich erreichen viele Anfragen besorgter Tierhalter, deren Tiere sich auf ihre letzte Reise begeben. Sie haben Angst, sind verzweifelt, hilflos, überfordert und traurig und wünschen Begleitung für sich und ihr Tier, um sich sicherer fühlen zu können.

Das irdische Leben in einem Körper beginnt mit der Geburt und endet mit dem Tod. Es gibt einen natürlichen Anfang und ein natürliches Ende. Nachdem ich viele Tiere auf ihrer letzten Reise begleiten durfte, betrachte ich den Tod mittlerweile als eine Schwelle aus dieser in eine andere Welt. Ich glaube fest daran, dass Seelen zwar den Körper verlassen, jedoch nicht "weg" sind. Dies haben mir die zahlreichen Kontakte zu körperlosen Seelen häufig genug bewiesen. Es gibt Kulturen, in denen wird der Tod eines Menschen nicht betrauert, denn sie sind davon überzeugt, dass die Seelen endlich wieder frei sind, bis sie erneut in einen Körper eintreten. In unserer Kultur haben viele von uns immer noch große Angst vor dem Moment, in dem wir selbst den letzten Atemzug nehmen oder jemanden dabei begleiten.

Natürlich ist es so, dass wir den geliebten Menschen oder das geliebte Tier vermissen werden, wenn sie uns verlassen, und das tut höllisch weh. Kuschelmomente, Augenkontakt, Rituale und die schöne Zeit, die wir gemeinsam erleben durften, gehören auf einmal der Vergangenheit an. Es braucht seine Zeit, um den Verlust verarbeiten und verkraften zu können. Aus diesem Grund spricht man auch von dem sogenannten "Trauerjahr", wobei ich glaube, je tiefer eine Verbindung zwischen zwei Wesen ist, umso länger dauert auch die Trauerphase, wenn sie sich voneinander verabschieden müssen. Als ich meine Hündin Lissy im Sommer 2006 gehen lassen musste, begleitete mich meine tiefe Trauer über mindestens drei Jahre. Ich erinnere mich, dass ich in dieser langen Zeit eigentlich gar nicht mehr richtig im Alltag anwesend war. Heute weiß ich, dass ich durch die Ereignisse, die ihren Tod ausgelöst haben, traumatisiert wurde. Das lag unter anderem daran, dass Lissy mir ohne Vorwarnung regelrecht entrissen worden ist. Monatelang konnte ich nicht über das Geschehene sprechen und schon gar nicht über den unerträglichen Schmerz in mir. Meine Hündin hatte mit ihren 14 Jahren bei einer Routineuntersuchung beim Tierarzt unerwartet einen schweren Krampfanfall erlitten, dem unmittelbar ein zweiter gefolgt war. Wir kamen nicht einmal dazu, sie zur geplanten Untersuchung auf den Tisch zu heben, denn all dies passierte sehr, sehr schnell innerhalb weniger Minuten. Die Tierärztin war ebenso geschockt wie ich und riet mir sehr einfühlsam zur Euthanasie. Ich war total überfordert mit der Situation und unfähig zu entscheiden, als ich auf dem Boden des Behandlungszimmers saß, Lissy in meinen Armen hielt und weinte. Sie war zu diesem Zeitpunkt nicht mehr der Hund, mit dem ich 15 Minuten zuvor die Praxis betreten hatte. Die Krampfanfälle hatten sie massiv angegriffen und sie hatte aufgrund ihres Alters dem nichts entgegenzusetzen. Was sollte ich in dieser Situation tun? Was sollte ich tun, wenn sie in der Nacht einen weiteren Anfall bekommen und in solch schlimme Zustände geraten würde, aus denen ich ihr allein nicht heraushelfen könnte? Ein Tierarzt hätte nachts nicht schnell genug vor Ort sein können, um mögliche qualvolle Zustände zu verhindern. Aus Angst, ihr weiteres Leid zuzufügen, entschied ich mich, der Empfehlung der Ärztin zu folgen und verließ mit dem leblosen Körper meiner Hündin völlig verstört die Praxis.

Ich war wie gelähmt. In den folgenden Tagen quälten mich neben meiner Trauer immer wieder Zweifel und Fragen, ob ich anders hätte entscheiden können. Ich machte mir Vorwürfe, mir nicht mehr Zeit für diese schwerwiegende Entscheidung genommen zu haben. So rief ich hilfesuchend eine Tierkommunikatorin an, um sie zu bitten, mit Lissys Seele Kontakt aufzunehmen. Ich musste unbedingt wissen, wie es ihr ging, um wenigstens in diesem Punkt irgendwie zur Ruhe finden zu können. Als mich die Tierkommunikatorin zurückrief, um zu berichten, dass es Lissy gut ginge, war ich zunächst sehr erleichtert und fragte sie außerdem, ob mir meine Hündin meine Entscheidung übelnehmen würde. Darauf erhielt ich die barsche Antwort, dass nur Menschen solche Fragen stellen würden und dass es in der Welt der Seelen ein Gefühl wie "übelnehmen" nicht geben würde. So unfreundlich sie geantwortet hatte, so beendete sie auch das Gespräch, während ich immer noch in Tränen aufgelöst um Fassung rang.

Mittlerweile bin ich dankbar für diese Erfahrung, denn nach besagtem Telefonat konnte ich fühlen, wie tief die Verzweiflung sein kann, die viele Menschen in solchen Situationen quält. Statt des Erlebten hätte mir vielmehr eine liebevolle Begleitung mit viel Verständnis helfen können.

Für uns als liebende Tierhalter kann die Entscheidung zur Euthanasie zu einer wahren Zerreißprobe werden. Viele Menschen kommen zu mir in die Praxis, weil sie diese große Herausforderung, der sie sich stellen mussten, nicht verkraften konnten. Sie fühlen sich schuldig, denn sie wissen tief in ihren Innersten, dass sie den Tod "in Auftrag" gegeben haben, und das fühlt sich für uns Menschen nicht immer stimmig an. Selbst wenn wir das Tier von seinem Leiden erlöst haben, fühlen wir intuitiv, dass wir eigentlich nicht über das Lebensende eines anderen Wesens zu entscheiden haben. Das obliegt offenbar einer anderen Instanz, der Natur. Des Weiteren sind die Betroffenen sich im Nachhinein nicht immer sicher, ob der Zeitpunkt der Einschläferung wirklich passend gewählt war, und werden nicht selten über Jahre hinweg von dieser und ähnlichen Fragen gequält.

Was diese inneren Qualen für Folgen haben können, macht die folgende systemische Aufstellung von Sylvia und ihrer Hündin Fly deutlich.

Fallbeispiel aus der Praxis:
Wenn Schuld und Trauer zwischen uns stehen

Als Sylvia mich kontaktiere, war ihr Hund Filou 4,5 Jahre zuvor gestorben. Sieben Wochen später hatte sie die weiße Schäferhündin Fly aufgenommen, die seither aus nicht erklärlichen Gründen immer wieder diverse, körperliche Symptome entwickelte. Filou war vor seinem Tod sehr lange krank gewesen und hatte viele Tierarztbesuche über sich ergehen lassen müssen. Sylvia plagte deshalb im Nachhinein noch das Schuldgefühl, ihn zu spät eingeschläfert zu haben, was am Ende auch noch sehr dramatisch und plötzlich geschehen war. Während sie davon erzählte, war spürbar, dass sie noch sehr unter seinem Verlust litt und dass sie diese Schuldgefühle plagten – seit nunmehr fast schon fast fünf Jahren!

Aufgrund dieser vorangegangenen Erfahrungen mit Filou hatte Sylvia nun Angst, auch Fly zu verlieren. Die Hündin litt unter andauernder Harninkontinenz und Sylvia brachte sie nun immer sehr schnell zum Tierarzt, sobald Fly irgendein Symptom entwickelte. Nie wieder wollte sie eine ähnliche Situation wie die mit Filou erleben und möglicherweise etwas übersehen, was wieder zu einem dramatischen Ende führen könnte. Eigentlich, so erwähnte Sylvia eher beiläufig, fühlte sie sich mit Fly gut verbunden, aber immer dann, wenn sie dachte, Fly sei ihr nah, nahm die Hündin Abstand zu Frauchen. Dass konnte meine Klientin nicht nachvollziehen.

Um die Beziehung zwischen den beiden genauer zu betrachten und auch um zu schauen, welche Rolle der verstorbene Filou möglicherweise in dieser Beziehung spielte und ob es möglich war, Sylvias Schuldgefühle im Zusammenhang mit seinem Tod abzubauen, wählte meine Teilnehmerin für alle drei jeweils einen Stellvertreter und positionierte diese im Raum.

Die beiden Stellvertreter für Fly und sich selbst stellte sie nebeneinander und den für den verstorbenen Filou bat sie, sich quer vor die beiden zu legen. Um Filou legte sie ein Seil, welches die Grenze zwischen Leben und Tod deutlich machen sollte.

Die Stellvertreterin von Fly meldete sofort an, dass Filou ihr »im Weg« läge. Mit einem verstorbenen Hund vor ihren Füßen wäre es ihr nicht möglich, irgendeinen Schritt nach vorne zu gehen.

Auffällig war auch, dass Sylvia und Fly beide mit ihren Zehen auf dem Seil und im »Reich der Toten« standen. Die Stellvertreterin von Fly wollte intuitiv einen Schritt zurückgehen und das Reich der Toten verlassen. Sylvia bemerkte beim Betrachten von außen selbst, dass dies kein guter Platz für sie war und bat ihre Stellvertreterin, gemeinsam mit Fly auf die andere Seite der Toten zu wechseln – so dass Filou nun hinter beiden lag.

Dieser Platz fühlte sich für beide direkt deutlich besser an. Fly meldete dann aber, dass die Nähe zu Frauchen für sie zu eng sei, weshalb die Hündin erst einen Schritt zur Seite trat, um für mehr Raum zu sorgen, und sich dann aber Sylvia gegenüberstellte, weil sie einem inneren Impuls folgen wollte. (Wir sehen hier, wie wichtig es ist, ganz genau im Körper zu spüren, was sich wirklich stimmig anfühlt.) Auf den neuen Positionen hatten beide auf einmal Blickkontakt zueinander.

Zu diesem Zeitpunkt wollte ich Sylvia, die ja bislang ihr System mit mir gemeinsam von außen betrachtet hatte, selbst ihre ursprüngliche Anfangsposition im Feld einnehmen lassen, um den Wechsel von vorher zu nachher buchstäblich verkörpern zu können. Zunächst aber habe ich ihr vorgeschlagen, erst noch den unvollendeten Abschied von ihrem verstorbenen Filou nachzuholen, denn der Tod kam damals sehr plötzlich und es war spürbar, dass sie die Trennung noch nicht verarbeitet hatte.

Dazu stellte sich Sylvia vor Filous Stellvertreter und sprach ihn liebevoll an. Sie wurde immer noch von Schuldgefühlen geplagt, was wiederum ihren verstorbenen Hund stark belastete, wie sein Stellvertreter angab. Er versicherte ihr, dass es Filou gut ginge und es nichts gäbe, wofür sie sich schuldig fühlen müsste. Sylvia entspannte sich und wurde sichtbar ruhiger. Auch zeigte er ihr, dass er (seine Seele) immer da wäre. Dies bestätigte meine Klientin, denn sie fühlte seine Präsenz im Alltag.

Sylvia verabschiedete sich dann auf ihre Weise mit ganz viel Zeit und Ruhe von ihrem Hund und konnte so das nachholen, was ihr bei Filous plötzlichem Tod nicht möglich gewesen war. Anschließend konnte sie endlich in eine natürliche Trauerphase eintreten, die ihr Schuldgefühl bislang blockiert hatte.

Als spürbar war, dass beide sich loslassen konnten, war für Sylvia die Schuld deutlich geringer geworden und sie konnte sich erleichtert ihrer Hündin Fly zuwenden. Für Filou war dieser Schritt völlig in Ordnung und vor allem entlastend, denn unsere Verstorbenen können fühlen, wenn es uns nicht gut geht. Flys Stellvertreterin gab an, sie fühle sich nun leichter und fröhlicher. Die Hündin hatte vorher, immer wenn Frauchen ihre Nähe suchte, deren unverarbeitete Trauer und Schuld gefühlt und sich daher lieber auf Distanz begeben. Nun war die »Ordnung« für die Hündin hergestellt.

Fly hatte unbewusst durch ihr Verhalten ihrer Halterin gezeigt, dass diese die Trauer um Filou noch nicht verarbeitet hatte. Bleibt eine Trauer unverarbeitet, so fehlt uns pure Lebensenergie. Diese konnte Sylvia durch die dann folgende Trauerphase wieder zurückerlangen.

Nachdem ich Sylvia um ihr Einverständnis zur Veröffentlichung ihrer Aufstellung gebeten hatte, schickte sie mir folgende Zeilen:

Liebe Birgit,

ja, die Geschichte ist absolut richtig wieder gegeben. Gerne kann ich sie auch noch ergänzen. Tatsächlich kam ich nach der Aufstellung gut mit meiner Trauer und dem Verlust von Filou zurecht. Zum ersten Mal fühlte sich das Gefühl Trauer richtig an, machte mich aber nicht vollkommen fertig. Aber was für mich viel wichtiger war, ist die Tatsache, dass Fly und ich ein tolles Team geworden sind. Ich hatte sooo viel Gefühl für meine Hündin. Und jetzt konnte ich diese vollkommen befreit genießen. Fly ist ein super Hund und mittlerweile schon neun Jahre alt. Sie hatte im vergangenen Jahr eine schwere Tumoroperation, von der sie sich über ein halbes Jahr erholen musste. Der Tumor war gutartig und sie ist vollkommen genesen. Nur, jetzt geht halt alles etwas langsamer. Meine Liebe zu ihr ist unermesslich, ganz ohne schlechtes Gewissen. Wir genießen das Leben mit ihr jeden Tag, und Fly ist immer mit von der Partie - auch als mein Mann und ich im vergangenen Jahr geheiratet haben.

Filou ist dieses Jahr sieben Jahre tot, er ist unvergessen und wird es immer bleiben. Aber Fly ist meine große Liebe geworden.

Du kannst gerne unsere tatsächlichen Namen verwenden, es würde mich sogar sehr freuen. (Anm.: Ich hatte Sylvia den Text mit bereits geänderten Namen vorgelegt, bin aber ihrem Wunsch gefolgt und habe ihre wirklichen Namen verwendet.)

Ganz liebe Grüße von Sylvia und Fly

Ihr möget wissen …

Ihr möget darum wissen,
dass in meinem schmerzlichen Vermissen
die tiefe Sehnsucht wohnt,
euch eines unbekannten Tages wiederzusehen,
mit euch gemeinsam das Land der
Unendlichkeit zu versteh'n.
Manches Mal schmerzt es mich,
ohne euch hier zu sein, so tief,
manches Mal ist mir, als ob einer von euch zu mir rief:
"Sei nicht so traurig, wir sind bei dir,
wissen, dass jede Seele ewiglich lebt,
ganz gleich ob Mensch oder Tier.
Drum sei ganz ruhig, voll der Zuversicht,
wir sehen uns wieder in der Welt voller Liebe und Licht.
Der Welt, in der alle Schatten von uns weichen
und wir uns das Wasser des ewigen Lebens reichen …"
So warte ich,
bis ihr zu mir kommt durch das Tor zur Ewigkeit,
mit uns vereint sein werdet
im Reich voller Raum und ohne Zeit.

Bis dahin bitte erinnere dich,
sei dir all der kostbaren Augenblicke deines Lebens gewahr,
tu dies vom Anbeginn der Zeit,
die dich in diese Welt gebar.

Erinnere dich,
die Lebensreise weilt nur einen Flügelschlag,
der auch dich trägt bis zum jüngsten Tag,
an dem deine Seele die Erde wird verlassen,
an dem alle irdischen Erinnerungen werden verblassen.
An dem wir, wie in einem himmlischen Traum,
wieder eins werden im unendlichen Raum,
in dem wir uns alle wiedersehen,
miteinander verbunden
im tiefen einander Verstehen.

Annette Dorstijn

Euthanasie – Segen oder Fluch?

Ein natürlicher Tod ist für jedes Wesen wünschenswert und zunächst einmal der normale Weg, wie eine Seele den Körper verlässt. Kommen zu einem Sterbeprozess Komplikationen hinzu wie beispielsweise starke Schmerzen oder gar Atemnot, haben wir durch die Tiermedizin die Möglichkeit der Euthanasie. Ich bin froh, dass es diese Möglichkeit gibt, jedoch wird dieser Segen in der Sterbebegleitung unserer Tiere leider auch missbraucht oder zu früh angewendet. Viele Tiere könnten aus meiner Sicht noch leben, wenn man genauer hingeschaut und entsprechend gehandelt hätte. Mein Hund Linus ist dafür das beste Beispiel. Er wäre nicht mehr bei uns, wenn wir nicht unserer Intuition vertraut hätten. Es stellt sich mir daher durchaus in einigen Fällen die kritische Frage: Wer wird durch Euthanasie eigentlich wirklich erlöst?

Es kann viel Kraft kosten, ein krankes bzw. sterbendes Tier zu begleiten. Auch nimmt es viel Zeit in Anspruch, macht mürbe und kann, wie in unserem Fall mit Linus, mitunter extrem kostspielig sein. Gerade bei den Faktoren Zeit und Geld stoßen viele Tierhalter an ihre Grenzen. Nicht jeder kann seine Arbeitszeiten so organisieren, dass er sein Tier zu den vielen Behandlungen begleiten kann, die nötig wären, um eine mögliche Heilung oder lebenswerte Linderung der Beschwerden herbeizuführen. Und nicht jeder Tierhalter hat mit Übernahme des Tieres mehrere tausend Euro über Jahre angespart, um seinem Tier eine optimale, medizinische Versorgung zu sichern.

Was aber bedeutet das unter dem Strich? Werden Tiere mangels Zeit und Geld eingeschläfert? Ein Tierarzt bestätigte mir dies und war darüber selbst sehr betroffen. Ist das vertretbar? Müssen hier nicht Lösungen gefunden werden, die es den

Tieren ermöglichen, so lange leben zu dürfen, wie es die Natur für sie vorgesehen hat? Oder provokativ gefragt: Dürfen Haustiere nur so lange leben, wie es sich für den Menschen "rentiert" oder bezahlbar ist? Ich bin daher nicht allein mit der Meinung, dass aus Tierschutzgründen jeder Tierhalter bei der Aufnahme seines Tieres entweder regelmäßig "Tierkrankengeld" ansparen oder eine Krankenversicherung abschließen müsste, damit gewährleistet ist, dass sein Tier jederzeit medizinisch versorgt werden kann.

Auf der anderen Seite rufen mich verzweifelte Tierhalter an, weil ein Mitmensch oder sogar ihr Tierarzt ihnen geraten hätte, sie sollten ihr Tier einschläfern lassen, weil es nie mehr gesund werden könne.

Als ich seinerzeit mit Linus, als er gehbehindert war, von einer Untersuchung beim Neurologen nach Hause fuhr, rief ich unter Tränen unsere Physiotherapeutin an, um ihr fassungslos von unserem Arztbesuch zu berichten. Der Neurologe hatte nämlich wieder einmal nur Linus' Beweglichkeit betrachtet und war deshalb der Meinung, es sei für meinen Hund nicht lebenswert, wenn er nicht laufen könne. Selbst mein Hinweis, dass ich meinen Hund dreimal täglich in ein "sein" Revier fuhr, wo er neugierig schnüffelte, markierte und wir nebeneinander sitzend in die Ferne schauten, konnte seine Meinung nicht ändern. Nur vier Tage zuvor hatte ein Internist Linus noch Lebensqualität bescheinigt und war selbst sehr betroffen, als ich seiner Aussage lauschend in Tränen ausbrach. Er war der erste Arzt auf unserer Odyssee, der meine Wahrnehmung bestätigte und die riesige Last der Unsicherheit, ob ich wirklich das Richtige für meinen Hund tun würde, fiel zumindest für diesen Moment von mir ab. Nach dem Besuch beim Neurologen aber hatte ich endgültig im wahrsten Sinne des Wortes die Schnauze voll und versprach Linus, dass dies sein letzter Arztbesuch gewesen war. Solche Aussagen würde er nie wieder hören müssen. Ein Tier spürt nämlich, wenn wir über sein Ende sprechen!

Viele Menschen haben chronische oder unheilbare Erkrankungen und wissen, dass sie nie wieder ganz gesund werden können. Würde irgendein Arzt oder Mitmensch sich zu der Aussage hinreißen lassen, dass Einschläfern die einzige Lösung für den betroffenen Menschen wäre? Darf dann ein Tierleben vorzeitig "verschrottet" werden, weil es "irreparabel" ist? Wieso unterscheiden wir hier? Was erlaubt uns diese Arroganz, den Wert eines Lebens so unterschiedlich zu gewichten?

Meine Haltung ist hierzu schon immer eine andere. Wenn ich ein Tier aufnehme, dann gebe ich ihm ein klares JA. Dies beinhaltet, dass ich mir meiner Verantwortung für dieses Tier bewusst bin, bis dass der Tod uns scheidet - und nicht, bis die Unbequemlichkeit uns scheidet. Wenn ich dieses JA gebe, dann bin ich bereit, auf vieles zu verzichten, um mein Versprechen dem Tier gegenüber halten zu können.

Schwer irritiert bin ich von einem Trend, bei dem für den Tod durch Euthanasie ein Termin beim Tierarzt vereinbart wird. Aus meiner Sicht sind weder die Geburt noch der Tod planbar. Ich bin der Meinung: Wenn es so weit ist, dann ist es so weit. Entweder es geht dem Tier so schlecht, dass wirklich nichts mehr zu einer Verbesserung und Erleichterung beigetragen werden kann, dann ist der Zeitpunkt JETZT SOFORT, denn sonst würden wir seine Qual verlängern. Befindet sich das Tier jedoch nicht in einem unzumutbaren Zustand, wie kann man dann verantworten, es in zwei Tagen zu einem gewissen Termin zu euthanasieren? Weil er gut in den Terminkalender passt? Ich bin der Meinung, dass nur dann eingeschläfert werden darf, wenn als Alternative die Qual zur Wahl steht. Qual entsteht dann, wenn alle Mittel ausgeschöpft sind, um unerträgliche Schmerzen oder andere nicht zumutbare Zustände wie z. B. Atemnot oder einen Tumor, der zu platzen droht, zu verhindern oder zu lindern. Vor vielen Jahren begegnete mir im Feld eine ältere Dame mit einem großen Hund. Beide kamen nur sehr langsam voran, denn der Hund konnte wirklich nicht mehr gut laufen. Seine Halterin erzählte mir, dass er nun nicht mehr die Treppen zu ihrem Wohnzimmer hinaufsteigen könne und sie ihn am übernächsten Tag einschläfern lassen wolle. Ich schaute betroffen in die Augen des Hundes und sah einen wachen Geist, der mich neckisch anfunkelte. Dieser Hund war definitiv nicht bereit zu sterben. So fragte ich sie, ob es denn nicht noch andere Möglichkeiten gäbe, und sie ließ sich mit mir auf gemeinsame Überlegungen ein. Anschließend verabschiedete ich mich von den beiden und hoffte auf ein Einsehen der Halterin. Umso erleichterter war ich, als ich sie einige Wochen später wieder mit ihrem Hund traf und sie mir berichtete, dass sie sehr froh über unser Gespräch gewesen war und ihren Hund von einem Physiotherapeuten hatte behandeln lassen, so dass er nun wieder besser "zu Fuß" war. Ich traf die beiden innerhalb des nächsten Jahres immer wieder im Feld beim Spaziergang und freute mich mit ihnen, dass sie noch etwas Zeit gewonnen hatten. Die Dame war bei unserem ersten Treffen verzweifelt gewesen und hatte sich nicht anders zu helfen gewusst. Sie hatte niemanden, mit dem sie die Problematik besprechen konnte, um andere Lösungen finden zu können.

Ich finde, die Tiere haben es verdient, dass wir alle Möglichkeiten ausschöpfen, um unserem Tier zu helfen, bevor wir diesen letzten gemeinsamen Weg zum Tierarzt gehen müssen.

Einige werden jetzt vielleicht denken: gemeinsam? Das kann ich nicht! Die Liebe würde dann höchstwahrscheinlich antworten: "In guten wie in schlechten Zeiten!" Wir können nicht nur das Positive mit unseren Tieren erleben und hoffen, dass dieser Kelch irgendwie an uns vorüberziehen wird. Ein Tier beim Arzt zur Euthanasie abzugeben und in einem solchen Moment von größter Not allein zurückzulassen, wäre nicht fair, und das weiß das Innerste eines jeden Menschen. Jedem von uns fällt dieser Schritt schwer, wenn unsere Liebsten von uns gehen müssen.

Leider gibt es in solchen Situationen rein gar nichts, was hilft, den Schmerz zu lindern - wir können nur achtsam mit uns sein und den Schmerz bewusst fühlen, weil er gefühlt werden möchte. Ich sehe das so: Wenn etwas Trauriges geschieht, dann entsteht ein riesengroßer Tränensee. Trauern bedeutet, diesen riesigen Tränensee leerzuweinen, der ansonsten nämlich droht überzulaufen, wenn wir das Weinen unterdrücken. Wichtig in solchen Trauerphasen ist, dass jemand da ist, der unseren Schmerz versteht und uns hält, wenn wieder eine dieser riesigen Flutwellen aus dem Tränensee heranrollt und es sich anfühlt, als würden wir von ihr mitgerissen. Niemand sollte in solchen Zeiten mit seiner Trauer allein sein, daher schau bitte, wem du dich in diesen Momenten anvertrauen kannst und möchtest.

Nun folgt der berührende Bericht einer Tierhalterin, die sich gemeinsam mit ihrer Familie auf die Sterbebegleitung ihrer Tibet-Terrier-Hündin Luna sehr bewusst eingelassen hat. Ihre Familie konnte fühlen, welche Intensität und auch welcher Reichtum ein solch schmerzvoller Abschiedsprozess mit sich bringen kann. Es ist Annette, die ihre Erfahrungen mit uns teilen möchte und die ich auf ihrem Weg begleiten durfte:

Mögen meine aufrichtig geteilten Erfahrungen dich ermutigen, dein Tier von Herzen bis zum endgültigen Abschied zu begleiten. Auch wenn Abschiede von geliebten Wesen sehr schmerzhaft sein können und mächtige Gefühle hervorrufen, so bergen sie zugleich große Geschenke für unseren Erfahrungsschatz. Vergänglichkeit ist ein natürliches Prinzip in unserem Leben und wir tun gut daran, die Gelegenheiten, die uns das Leben anbietet, zu nutzen, um an unseren Herausforderungen zu wachsen und den zukünftigen mit weit offenem Herzen furchtloser zu begegnen.

In den letzten Wochen unseres Zusammenseins mit unserer Hündin Luna haben wir tiefgreifende Erfahrungen gemacht. Das Wissen um den nahenden Abschied hat uns so tief berührt, dass sich Tore und Schleusen in uns geöffnet haben. Eine in uns wachsende Verbindung und Verbundenheit zur Tierseele hat uns immer wahrhaftiger fühlen lassen, was sie in uns berührt. Zugegeben, dies war kein Spaziergang, sondern emotionale Schwerstarbeit. Immer wieder hat uns der Weg der Begleitung an unsere Grenzen geführt, und wir fühlten uns ohnmächtig und völlig hilflos. Ein Zustand, vor dem wir Menschen uns fast alle übermächtig fürchten und, so seltsam es klingen mag, ein Zustand, der uns einlädt, uns in Hingabe zu üben.

Lunas Sterbeweg begleiten zu dürfen, offenbarte uns, wie sich Hingabe an den Prozess anfühlt. Wir lernten, unsere Not, den Schmerz, das Mitgefühl und unsere Hilflosigkeit zu spüren, und wir waren zunehmend bereit, nicht dagegen zu kämpfen, dagegen anzudenken, uns abzulenken oder die Verantwortung abzugeben. Wir erkannten, dass Tiere die Fähigkeit haben, stets im JETZT zu sein. In einem Augenblick weinte sie vor Schmerz, lief wie panisch durch den Raum – und wenn der Schmerz abgeebbt war, lag sie manchmal wenige Momente später ganz ruhig

Luna

da. Diese Fähigkeit im Augenblick zu sein, macht Tiere aus meiner Betrachtung zu wahren Lehrmeistern für unser menschliches Dasein.

Das Leiden der Tiere ist ein Leiden des Augenblicks, auf den ein neuer Augenblick folgt, in dem ein anderer Zustand in voller Präsenz seinen Raum hat. Das hat uns viel gelehrt und unseren Schmerz auch oftmals in tiefe Dankbarkeit verwandelt. Wir hatten unser Tier zum Vorbild und übten uns darin, Augenblicke bewusst wahrzunehmen und auch die zu spüren und anzunehmen, in denen Ohnmacht und Hilflosigkeit, Schmerz und Trauer sich ausbreiteten. Was unser Tier uns in seiner instinktverbundenen Weise vorgelebt hat, wurde zur Einladung, uns darin zu üben, es ihm nachzutun. Wir haben erlebt, dass alles an belastenden Ereignissen, Gedanken und damit einhergehenden Gefühlen in dem Maß an Schrecken verliert, in dem es uns gelang, es nicht zu bewerten. Wir haben aufgehört, gegen unseren Schmerz zu kämpfen, ihn als feindlich, böse oder sinnlos zu beurteilen. Wir haben die Gefühle erlebt und ihnen Aufmerksamkeit geschenkt, ohne sie zu verdrängen. Wir haben auf einer tieferen Ebene erfahren, wie mit dieser inneren Haltung alles zu einem Teil unserer Erfahrung wurde, bei der es nichts "Falsches oder Richtiges" gibt, weil alles einen Sinn und eine Bedeutung in sich trägt. Für uns war die Abschiedsreise mit Luna ein Weg, der uns an viele innere Orte führte, die wir fürchteten. Das Wissen um die Endlichkeit an gemeinsamer Zeit und den nahenden Abschied, der Anblick des Verfalls, die Nähe zum Schmerz eines fühlenden Wesens, all das erforderte Mut, dem nicht auszuweichen. Doch es war zugleich eine Reise mit vielen wahrhaftigen Geschenken. Die tiefe Durchlässigkeit, welche frei fließende Liebe ermöglicht, hat uns geführt und gab uns die Kraft zum bedingungslosen JA, den schmerzhaften Prozess des Abschiednehmens aktiv zu gestalten und ihm das

Maß an Zeit und Raum zu geben, derer es bedurfte. Wir sind aufrichtig dankbar dafür, dass wir es gewagt haben, diese Herausforderung anzunehmen und bis zum letzten Atemzug zu begleiten. Wir haben es uns zugemutet, denn es braucht Mut, und wir haben es uns zugetraut. Dabei ist das Erspüren dessen gewachsen, was im jeweiligen Augenblick passend und stimmig war. So gab es beispielsweise den Zeitpunkt, zu dem uns deutlich wurde, dass wir unser Tier quälten, wenn wir versuchten, ihm Futter zu geben, obwohl es uns mit seiner Abwehr zeigte, nicht mehr fressen zu wollen. Im Grunde waren wir es, die festhielten und nicht wahrhaben wollten.

Die für uns schwerste Entscheidung war die über den passenden Zeitpunkt des endgültigen Abschieds. Uns im Sinne unseres Tieres zur Tötung aus Liebe zu entscheiden, war für uns ein fast unerträglicher Konflikt. In den Situationen, in denen unsere Gefühle zu übermächtig wurden und uns quälende Zweifel ob der "Richtigkeit" unserer Empfindungen und Gedanken überfielen, haben wir mit großer Dankbarkeit die Hilfe unserer Begleiterin Birgit mit ihrer wunderbaren Gabe zur Tierkommunikation in Anspruch genommen. Als Mittlerin zwischen den Welten war sie uns eine große Unterstützung und hat uns immer wieder unverzichtbaren Rückhalt auf dem Weg bis zum Tod unserer Hündin und auch darüber hinaus gegeben.

Die mediale Kontaktaufnahme von Birgit nach Lunas Tod schenkte mir ein tieferes Verständnis zu einem "seltsamen Traum", den ich zwei Tage vor Lunas Einschläferung hatte.

Eine systemische Aufstellung mit Birgit und anderen Kolleginnen zu dem Gewissenskonflikt, den ich noch Wochen nach Lunas Tod hatte, schenkte mir bereichernd große Klarheit, Entlastung und Frieden.

Ich wünsche anderen Menschen, wenn der Augenblick des Abschiednehmens gekommen ist, sich auf die Tiefe dieser Erfahrung einzulassen. Mögen sie die Erfahrungsgeschenke, die eine weise Tierseele bis zum letzten, irdischen Augenblick zu schenken vermag, in Liebe und Dankbarkeit annehmen.

Viele Menschen leiden einerseits unter dem Verlust ihres geliebten Tieres und den damit verbundenen Umständen und andererseits manchmal auch darunter, dass das Umfeld nicht verstehen kann, dass sie "immer noch" trauern.

Wenig einfühlsame Bemerkungen wie "Das war doch nur ein Vogel, hol dir doch einen neuen!" tragen nicht gerade dazu bei, dass diese tiefe Wunde im Herzen heilen kann. Hier braucht es viel Verständnis, Zeit und ein offenes Ohr.

Nicht nur wir Menschen trauern, wenn wir unsere Liebsten verlieren, sondern auch Tiere können einen solchen Verlust sehr intensiv erleben. Die einen verarbeiten die damit verbundenen Gefühle ganz gut, andere wiederum leiden immens und entwickeln unterschiedlichste Symptome, die sich gesundheitlich oder auch im Verhalten zeigen können, wie uns der folgende Fall lehren wird.

Fallbeispiel aus der Praxis:
Verlustschmerz

Kerstins Katze Sternchen verprügelte sehr regelmäßig Klausi, den Kater, der mit ihr im Haus lebte. Tiffy, die Tochter von Sternchen, war einige Monate zuvor spurlos verschwunden. Meine Klientin wollte natürlich verstehen, was in ihrer Katze vor sich ging, und wünschte sich, dass ihre Tiere friedlich miteinander lebten.

In der Aufstellung wurde schnell deutlich, dass Sternchen, die Kerstin direkt neben ihrer vermisste Tochter Tiffy positioniert hatte, zu Hause das Zepter in der Hand hielt. Sie bestimmte einfach alles, und wenn die Dinge nicht liefen, wie sie wollte, konnte sie richtig giftig werden. Der Kater Klausi, dessen Stellvertreter zur Sicherheit hinter Kerstin stand, hatte höllische Angst vor Sternchen. Er konnte sie noch nicht einmal anschauen, und auch ihr Frauchen war ständig bemüht, Sternchen alles recht zu machen, um sie zu deeskalieren. Kerstins erster Impuls in der Aufstellung war, ihre beiden Katzen zueinanderzubringen und miteinander zu vergesellschaften, weil sie wollte, dass sie sich endlich gut verstanden. Wie es aber im Leben so ist, kann man niemanden dazu bewegen, etwas zu verändern, das der andere nicht aus eigenen Stücken tun würde. Daher war es Kerstin nur möglich, sich selbst zu verändern und sich selbst zu bewegen. Also näherte sie sich zunächst einmal versuchsweise Sternchen, um zu schauen, was dann passierte. Beide nahmen über ihre Augen Kontakt zueinander auf. Hierbei wurde deutlich, dass Sternchen sehr unter dem Verlust der Tochter litt, denn sie suchte ständig den körperlichen Kontakt zu Tiffys Stellvertreterin. Tiffy wirkte sehr lebendig, was die Hoffnung bestärkte, dass sie noch am Leben war. Sie bestand außerdem mit Vehemenz darauf, immer noch Teil der Gruppe zu sein, auch wenn sie körperlich im Zuhause derzeit nicht anwesend war. Wir haben in der Folge mehrere Versuche unternommen herauszufinden, was Sternchen entspannen könnte, damit sie Klausi nicht länger attackieren musste. Erst die Zuwendung von Frauchen und ihr Spenden von Trost über den Verlust ihrer Tochter Tiffy ließen Sternchen allmählich ruhiger und weicher werden. Sogar Klausi durfte sich ihr dann vorsichtig nähern. Er verhielt sich zurückhaltend und wollte einfach nur Teil der Gruppe sein. Die trauernde Katzenmutter duldete ihn von Minute zu Minute immer mehr und es wurde deutlich, dass sie eigentlich sogar an einem Kontakt zu Klausi interessiert war.

Sternchen hatte uns gezeigt, dass Aggression eine getarnte Trauer sein kann. Das Frauchen dieser traurigen Katzenmama brauchte jetzt viel Mitgefühl, um ihr Tier zu trösten. Fühlte sie den Verlust, den ihre Katze erlitten hatte, dann fühlte sie mit ihr und konnte sie umsorgen, für sie da sein und sie besser verstehen, wenn sie wieder einmal ihren Kumpel scheuchen sollte.

Sternchen hat durch ihr Verhalten ihre Halterin gelehrt, dass »Friede« nicht immer so einfach herzustellen ist, bevor nicht wirklich alles geklärt und angenommen wurde. Sie trainiert sie dadurch in Empathie.

Rückblick auf das Glück

Ach, liebstes Tier,
möge deine Seele in Frieden ruh'n,
mögest du gnädig sein
mit unserem menschlich fehlerhaften Tun.
Du warst stets im Augenblick,
verbunden in deinem Sosein,
alles an dir war wahrhaftig,
echt und frei von jedwedem Schein.
Präsenz ohne Scheinheiligkeit entsprach deinem Wesen,
wie sehr würde unsere Erde aufatmen und genesen,
wenn wir endlich der Weisheit
und dem Vorbild der Tiere folgen würden,
statt ihnen das Resultat unserer Ignoranz aufzubürden.

Annette Dorstijn

4. KAPITEL
Ursachen für fehlendes Bewusstsein

Ritterrüstung und Glücklichmacher als hilflose Lösungsstrategien

Es ist Zeit für uns, aufzuwachen und zu handeln. Suchterkrankungen, Depressionen, Burn-out, Essstörungen und weitere psychische sowie physische Erkrankungen haben in den letzten Jahren in der zivilisierten Welt massiv zugenommen. Allein bei uns in Deutschland wurden 2015 laut Angaben des Statistischen Bundesamtes 263.000 Menschen aufgrund einer Depression vollstationär behandelt. Damit hat sich die Zahl der Behandlungsfälle seit der Jahrtausendwende mehr als verdoppelt!

Wie ist das möglich? Hierzu gibt es eine unendlich lange Liste von Antworten, angefangen bei der Umweltverschmutzung, Chemtrails, Stoffen in unserer Nahrung, Medikamenten, falscher Ernährung, Giftstoffen in der Kleidung und vielem mehr. In diesem Buch richten ich als Therapeutin den Fokus auf die psychischen Hintergründe, die als Ursachen dieser Entwicklung infrage kommen. Dabei fällt besonders auf, dass viele Menschen keine erfüllende Lebensaufgabe haben, nicht mehr wirklich selbstbestimmt leben und täglich Dinge tun, die sie nicht tun möchten. Sie wachen auf und gehen zu einer Arbeitsstelle, bei der sie ihre kostbare Lebenszeit verbringen, obwohl sie eigentlich lieber ganz woanders sein möchten. Tage, Monate, Jahre ziehen ins Land, und die Menschen werden immer mehr zu seelenlosen Wesen, die nur noch zu funktionieren scheinen, während sich ihre Seelen an einen anderen Ort in ein anderes Leben träumen. Im Urlaub und der wenigen Freizeit suchen sie verzweifelt nach dem Sinn ihres Lebens und können sich nicht erinnern, warum und wofür sie eigentlich in diesem Leben "gelandet" sind. Stattdessen jagen sie scheinbar erstrebenswerten Gütern wie Fernsehern, Handys, Autos usw. nach und hoffen, darin ihre Glückseligkeit zu finden, um sich damit für das tägliche Lebensopfer, das sie erbringen, belohnen zu können. Sie geben das Geld, das sie auf ihren ungeliebten Arbeitsstellen mühsam verdienen, für Dinge aus, die sie letzten Endes aber nicht glücklich machen. Für etwas, das keine Lösung zu sein scheint, stehen sie aber jeden Morgen wieder auf und bleiben so im Teufelskreis gefangen. Ist das nicht paradox? Wären uns diese Zusammenhänge klar, würden wir vielleicht anders handeln. Ein solches Leben können wir nur ertragen, wenn wir betäubt sind oder schlafen.

Und das ist genau der Grund, weshalb wir kein Gefühl mehr dafür haben, wie wir mit unserer Umwelt und unseren Tieren umgehen sollten. Wären wir bewusst und wach, würden wir erkennen und fühlen können, was wir tun und woran wir uns beteiligen, und könnten dies alles gar nicht mehr aushalten.

Massentierhaltung, der Konsum von Billigwaren, die andere Menschen unter lebensverachtenden Konditionen herstellen, die Produktion von tonnenweise Plastik, das auf unseren Weltmeeren in riesigen Teppichen treibt oder in andere Länder abgeschoben wird, sind Auswüchse dieser Entwicklung. Soll dies allen Ernstes das Ergebnis von Evolution einer intelligenten Spezies sein? Wir tauschen gerade unser natürliches Leben gegen eine digitale und denaturierte Welt ein. Wollen wir das wirklich? Ist es noch natürlich, dass wir andere fragen müssen, welche Lebensmittel wir essen sollen, damit wir gesund bleiben? Warum fühlen wir das selbst nicht mehr? Weil wir unseren Körper nicht mehr wirklich hören. Es ist viel zu laut da draußen, so dass wir seine Stimme nicht mehr wahrnehmen können. Und wir lernen in unserer Kultur nicht, die Sprache unseres Körpers zu lesen und zu verstehen. Tatsächlich verlernen wir es eher, denn Kinder fühlen dies noch sehr genau, indem sie gewisse Lebensmittel schlichtweg meiden oder ablehnen. Oftmals aber werden sie von Erwachsenen dazu gedrängt, weil diese davon überzeugt sind, es besser zu wissen.

Wie haben die Menschen gelebt, bevor Lebensmittel industriell verändert und hergestellt worden sind? Seinerzeit gab es die heutigen Zivilisationskrankheiten wie Übergewicht, Herz-Kreislauf-Probleme, Krebs und psychische Erkrankungen in diesem Maße einfach nicht. Betreten wir heute einen Supermarkt, so finden wir die wirklichen Nahrungsmittel nur noch auf den ersten sieben Metern, nämlich im Obst- und Gemüsebereich. Und selbst hier tummeln sich auf gerade einmal zwei Quadratmetern die ungiftigen Sorten, die nicht mit Pestiziden verseucht worden sind. Alle anderen industriell produzierten und verpackten, denaturierten Waren in den Regalen dahinter, wie Chips, Fertiggerichte, Schokoriegel, Tütensuppen oder Kekse, finden wir draußen in der Natur weder auf einem Baum noch an einem Strauch oder in der Erde. So einfach ist das. Als natürliche Wesen können wir nirgendwo Nudeln ernten (leider liebe ich Nudeln), Zucchini aber schon. Wir werden auch an keinem Strauch Gummibärchen finden, aber Himbeeren, Weintrauben und all die anderen Köstlichkeiten, welche Mutter Natur für uns bereithält. Auch legt sich kein Rind in Scheiben parat auf die Wiese. Willst du ein Tier essen, so müsstest du es streng genommen selbst jagen, töten und zerlegen. Könntest du das? Ich bin der Meinung, dass jeder, der diese Frage mit NEIN beantwortet, kein Fleisch essen dürfte, denn er gibt den Mord immerhin noch in Auftrag.

Kommen wir bei dem Thema auch noch einmal auf unsere Haustiere zurück. Machst du dir um deine eigene Ernährung so viele Gedanken wie um die Ernährung deines Haustieres? Wenn nein, wie wäre es, wenn du heute damit anfängst? Ernähre dich selbst gesund und gib deinem Hund die Reste deines Essens. Die sind allemal besser als jede industrielle Nahrung, die du kaufen kannst. Viele Tierfuttersorten sind eine Ekelmischung aus Abfallprodukten der Schlachtindustrie und irgendwelchen ominösen Mixturen. Fütterst du deinem Tier Fertigfutter, ist dies so, als würdest du täglich Fertigpizza, Tütensuppen und Dosengemüse mit nicht erkennbaren Ingredienzen essen. Ich bin mir sicher, dass du davon auf Dauer krank wirst - so auch dein Tier.

Wie ernähre ich also mein Tier? Nehmen wir einmal eine Katze[17]. Was frisst eine Katze, wenn sie selbst jagen geht darf? Am liebsten fängt sie Mäuse und andere kleine Tiere. Was aber füttern die meisten Menschen ihrer Katze, weil sie glauben, dass die Tierfutterhersteller es ja wissen müssten? Trockenfutter. Das gleicht nicht wirklich einer Maus. Wir müssen für unsere Katze also eine Maus nachbauen. Aus was besteht eine Maus?

Aus Muskeln, Knochen, etwas Mageninhalt, Innereien, Fell und weiteren Bestandteilen. Zucker kommt in Mäusen meines Wissens nicht vor. Was bitte hat Zucker dann in Katzenfutter zu suchen?

Du bist, was du isst. Und das gilt auch für unsere Tiere. Daran ist nicht zu rütteln! Essen ist der Kraftstoff für den Körper. Wir kämen nie auf die Idee, Limonade in den Tank unseres Autos zu kippen, weil wir wissen, dass es damit nicht fahren kann.

Warum sind wir so unbewusst, blind, taub und gefühllos? Die Antwort kennst du mittlerweile: Weil wir das Bewusstsein für unsere Verbindung zu unserem natürlichen Ursprung und zueinander verloren haben. Wir Menschen haben vergessen, dass wir alle in einem Boot sitzen, und trauen immer weniger unserer eigenen Intuition - unserem Bauchgefühl. Stattdessen meinen wir, logisch denken zu müssen, und befinden uns mit unseren Gedanken meist in der Zukunft oder in der Vergangenheit. Wir lassen uns von unserem Ego leiten, das zu einer Art Rüstung und zweiter Identität geworden ist, mit der wir unser Innerstes unbewusst schützen wollen. Mit dieser Rüstung können Menschen einem anderen Wesen nicht wirklich auf Herzebene und authentisch begegnen, denn es ist immer etwas "dazwischen". In meiner Praxis steht eine solche Ritterrüstung in einem Meter Größe als Anschauungsobjekt für meine Klienten. Diese kleine Rüstung steht für unsere inneren Kinder, die sich ihre Rüstung früher zum Schutz zulegen mussten, um irgendwie überleben zu können. Im Erwachsenenalter wird es darin dann aber irgendwann sehr, sehr eng, während wir uns immer noch von der Umwelt getrennt fühlen. Deshalb fühlen sich so viele von uns allein, selbst wenn sie in Gesellschaft oder einer Paarbeziehung sind. In diesem isolierten Seinszustand versuchen wir, unser Leben dennoch irgendwie zu "meistern". Wir probieren es mit vermeintlichen "Glücklichmachern" wie Drogen und Konsumgütern, die uns erfüllen sollen, und betäuben uns zusätzlich noch mit dem Surfen im Internet oder stundenlangem Fernsehen. Dennoch fühlt es sich irgendwie fahl und leer an. Frage ich frustrierte Menschen, warum sie nichts an ihrem Leben verändern, höre ich Erklärungen wie: "Ich habe keine Zeit, um zur Entspannung spazieren zu gehen, ein klärendes Gespräch mit meinem Partner zu führen, mir Gedanken zu machen, wie meine erfüllte berufliche Zukunft aussehen könnte, eine andere Wohnung in einem mir angenehmeren Umfeld zu finden ..." Ich bin da sehr pragmatisch: Willst du mehr Zeit, hör auf zu jammern und schalte den Fernseher, deinen PC und dein Mobiltelefon aus. Empfindest du dein Leben als unbefriedigend, ändere etwas!

Ich selbst habe auch erst in den letzten Jahren eine Ahnung davon bekommen und manchmal auf ziemlich extreme Weise fühlen müssen, dass es scheinbar ein universelles Gesetz für eine natürlichen Ordnung gibt. Leben wir als natürliche Wesen nicht gemäß dieser Ordnung, dann wird das Leben immer unangenehmer werden. Machen wir weiter wie bisher und bleiben unbewusst, hilft das Leben uns beim Wachwerden. Manche Menschen spüren dies bereits sehr deutlich, andere weniger. Meist fühlen sie es erst dann, wenn das Schicksal sie so richtig durchrüttelt, damit sie endlich erkennen, was in ihrem Leben schiefläuft, damit sie das Geschenk LEBEN würdigend annehmen und endlich genießen. Ein Aufrütteln kann in Form eines Unfalls, einer schweren Erkrankung oder dem Verlust eines geliebten Menschen oder geliebten Tieres daherkommen. In tiefen Krisen kommen wir wieder in Kontakt mit unserer Basis, an unseren Lebenspuls, über den wir in irgendeiner Form alle miteinander und mit der Natur verbunden sind.

Geben wir uns vertrauensvoll (ich weiß, das ist nicht mal eben so getan) nach und nach dem Leben hin, erlauben wir uns zu fühlen, folgen wir inneren Impulsen und nehmen wir Spiegelungen unserer Umwelt als wertvolle Hinweise an, anstatt einen Egokrieg in Form von Streits und Diskussionen anzuzetteln, dann folgen wir dieser natürlichen Ordnung. Auch wenn wir auf diesem neuen Weg nicht immer sofort die Zusammenhänge überblicken und verstehen können, stellt sich dennoch Harmonie ein und wir können immer öfter fühlen, wie wir innerlich und mit unserer Außenwelt ins Gleichgewicht kommen.

Wir alle haben dieses Gefühl schon fühlen dürfen. Als Kinder haben wir erlebt, wie es sich anfühlt, eins mit unserer Umwelt zu sein, auch wenn du dich vielleicht nicht erinnern wirst. Unsere Phantasie sprühte förmlich und wir hatten Ideen über Ideen. In unserem Denken und Fühlen war alles möglich und wir sind unseren Impulsen gefolgt. Wie lange ist das her? Und was, glaubst du, braucht es, um dich wieder an die Hauptschlagader deines Lebens anzuschließen, die dich über dein Herz mit Mutter Erde, dem Universum und allem Leben verbindet?

Es braucht nur die Sekunde einer Entscheidung, dich dir zuzuwenden! Sind wir mit unserem Herzen dort angeschlossen und lassen uns von dem natürlichen Strom der Lebensenergie durchfluten, so fühlen wir uns wieder lebendig und kraftvoll. Sind wir auf diese Weise verbunden, sprechen Fachleute von der Kohärenz zwischen Kopf und Herz[18]. Wir haben dann wieder ein Gefühl dafür, welcher Impuls sich richtig und wichtig anfühlt, welche Entscheidung zu uns passt, welche Menschen uns guttun und wo und wie wir leben möchten. Wir können in einem solchen Zustand beispielsweise beim Betreten eines Raumes sehr genau wahrnehmen, ob sich unser Organismus darin wohlfühlen kann. Wir wissen im jeweiligen Moment klar und sicher, was stimmig und gut für uns ist.

Auf die Kopf-Herz-Kohärenz gehe ich im Kapitel über die Heilung noch tiefer ein und dort findest du auch eine Übung dazu.

Vertrauen – Beziehung – Ängste – Grenzen

Zurück zu unserem gesunden, natürlichen Sein. Schließen wir uns dafür noch einmal kurz an unsere Hauptschlagader an, die dich mit Mutter Erde und dem Universum verbindet und durch die die Lebensenergie in deinen Körper fließt. Dies kannst du tun, indem du deine Aufmerksamkeit auf dein Herz richtest. Anfangs fällt es dir möglicherweise leichter, wenn du eine Hand auf dein Herz legst. Spürst du deinen Herzschlag und bist du mit deinem Gewahrsein ganz bei deinem Herzen, wird sich deine Atmung verändern. Du atmest langsamer und tiefer. Dies kannst du auch willentlich tun und somit deinem Organismus das Signal senden: "Ich bin in diesem Moment absolut sicher." Diese Herz-Gehirn-Verbindung kannst du noch verstärken, indem du ein Gefühl wie Dankbarkeit, Fürsorge, Mitgefühl, Liebe oder Wertschätzung fühlst (eine ausführlichere Anleitung und Hintergrundinformationen findest du im letzten Abschnitt dieses Buches, in dem es um deine Heilung geht). Genieße diese Übung jetzt durchaus gerne einmal als kleine Pause und gönn dir eine tiefe Entspannung.

Sind wir an unsere Hauptschlagader angeschlossen, können wir intuitiv fühlen, wie ein gesunder Umgang mit der Natur, mit uns selbst, anderen Menschen und anderen Lebewesen wertschätzend möglich ist. Wir erhalten alle Informationen dazu aus unserem Inneren.

Von dort aus betrachtet, also mit dem Herzen geschaut und gefühlt, ist es für uns völlig selbstverständlich, dass ein freundlicher Umgang Normalität ist, Grenzen eingehalten werden und sich jeder wünscht, freundlich behandelt und ernst genommen zu werden. Hieraus erwächst Vertrauen und darauf baut eine Beziehung auf. Dies braucht Zeit. Viel Zeit. Uns die zu nehmen, fällt uns manchmal schwer.

Dennoch möchte ich weiter auf die Beziehung eingehen, denn ich frage mich, wie es dazu kommt, dass Menschen sich selbst, ihren Kindern und ihren Tieren gegenüber eher enorm hohe Ansprüche stellen, anstatt eine vertrauensvolle, liebevolle und stabile Beziehung aufzubauen? Wovor haben wir solche Angst? Davor dass unsere Kinder und Tiere aus der "Form" gehen könnten und das eigene Ego in der Gesellschaft vor lauter Scham, versagt zu haben, erröten könnte? Bloß nicht unangenehm auffallen? Was könnten die Nachbarn denken? Dann doch lieber schnell die Symptome bekämpfen, für Ruhe und Ordnung sorgen und die Fachleute rufen, die sich mit "so etwas" auskennen. Ich bin gerade ganz schön unangenehm, ich weiß. Mir ist aber auch bewusst, warum ich das tun muss, denn ich habe mir all diese Fragen selbst stellen müssen und möchte, dass wir Menschen dieser Welt endlich wach werden und den Unsinn unseres Handelns erkennen.

Wie wäre es also mit Vertrauen als Basis für Beziehungen? Wir befinden uns täglich im Kontakt mit verschiedenen Menschen. Wir leben in einem menschlichen Umfeld und haben

Einfluss darauf, wie wir gemeinsam unser Miteinander gestalten möchten. Viele Menschen haben Angst und scheuen die Nähe zu anderen Menschen, denn sie sind enttäuscht worden. Das gehört zum Leben dazu, und eines ist sicher: Du bist auch in Beziehung, wenn du keine Beziehung willst, denn auch du hast aller Wahrscheinlichkeit nach Familie, Kollegen, Nachbarn und vermutlich auch Freunde. Mit all diesen Menschen bist du verbunden - auf die eine oder die andere Art und Qualität. Und jeder dieser Menschen hat einen Einfluss auf dein Leben und umgekehrt. Der eine mehr und der andere weniger. Du kannst nun entscheiden, ob du zur Sicherheit lieber in deiner Rüstung verbleiben und nur mit deinem Kopf oberflächliche und scheinbar sichere Beziehungen eingehen möchtest, weil du glaubst, du könntest dann die Kontrolle behalten. Oder du baust deine Rüstung nach und nach ab und gehst mit dem Herzen Beziehungen ein, dann bist du wirklich an deine Lebensader "angeschlossen" und wirst mit deiner und unserer Natur in Kontakt sein. Ja, das ist eindeutig gefährlicher, aber nur so funktioniert der "Deal". Dennoch haben wir immer wieder den Impuls, unser Herz zum Schutz zu verschließen. Es erscheint einfacher, ein Leben mit sparsamen Gefühlen zu leben, als unsere Liebe in ihrer ganzen Intensität zu empfinden und dann möglicherweise verletzt zu werden. Das ist eine Entscheidung, die jeder für sich treffen darf, und ich kann verstehen, dass es viel Mut braucht, sich der Liebe hinzugeben und zu vertrauen. Ich durchlebe diese Phase seit einiger Zeit selbst und befinde mich nach wie vor in einem Prozess des sanften, vorsichtigen Öffnens, bei dem mir durchaus auch alte Ängste begegnen. Wie wir uns einlassen, hat einen maßgeblichen Einfluss auf die Intensität und das Glücksempfinden in unserem Leben. Wer liebt und Liebe empfängt, fühlt intensiver - nämlich die Liebe UND den Schmerz. Die Angst, die die Liebe sicherheitshalber verwehren möchte, kann sich nach und nach auflösen, wenn wir uns immer öfter für die Liebe entscheiden. Liebe wiederum kann sich ihrerseits durch Ritterrüstungen, die wir zum Schutz unserer Herzen angelegt haben, hindurchschmelzen. Sie ist die stärkste Energie auf unserem Planeten. Allgegenwärtig und zutiefst heilsam, wenn wir sie fließen lassen.

Und jetzt komme ich noch einmal auf unsere Tiere zurück, denn es gibt für die Angst vor Beziehungen zu anderen Menschen einen geheimen Ausweg in sicherere Bereiche, den viele Menschen bereits gefunden haben. Sie haben ein Haustier. Natürlich haben wir Tierhalter nicht alle unser Herz anderen Menschen gegenüber schützend verschlossen, aber ich wage die grobe Schätzung, dass es sich mindestens um die Hälfte handelt.

Warum ausgerechnet ein Tier? Ganz einfach: Tiere verletzen nicht. Sie sind immer ehrlich und außerdem verlässliche, loyale Partner. Es ist ihnen egal, wie wir aussehen, ob wir reich sind oder im Gefängnis saßen. Bei ihnen können wir unser Ego, unsere Rüstung, fallen lassen. Ich gehe noch weiter mit meiner Hypothese, indem ich mich frage, ob der Schweregrad der erlebten Verletzungen oder Enttäuschungen bei uns Menschen einen Einfluss auf die Anzahl der Tiere bzw. das Engagement im Tierschutz hat. Wer kennt nicht den Satz "Menschen kann man nicht vertrauen - Tieren schon! Die haben mich noch nie enttäuscht!"? Auch wenn ich diese Konsequenz aufgrund der tiefen Enttäuschungen verstehen kann, stelle ich die Frage an uns alle: Wie kann es sein, dass so viele Menschen in ihrem Leben so schwer verletzt worden sind, dass sie ihre Herzen verschließen mussten? Dies wird nachvollziehbarer, wenn wir uns klarmachen, dass bereits ihre Eltern oder andere Erwachsene im sozialen Umfeld der damaligen Kinder von ihrem Instinkt abgeschnitten waren. Auch sie haben nicht fühlen können - sich nicht und selbst die Bedürfnisse ihrer eigenen Kinder teilweise nicht. Dadurch wurden die betroffenen Kinder in ihrem Vertrauen in die Menschen, von denen sie eigentlich Schutz erwarten konnten, schwer enttäuscht. Tief verletzt haben sie den kindlich magischen Schwur geleistet, dass sie nie mehr so unvorsichtig sein werden, sich so zu zeigen, wie sie eigentlich sind, denn sie könnten erneut Gefahr laufen, damit wieder auf Ablehnung zu stoßen oder seelischen und körperlichen Schmerz zu erleiden. Diese kindlichen Schwüre sind uns als Erwachsene nur selten in Erinnerung geblieben, doch sie beeinflussen hochwirksam noch im Erwachsenenalter unser Verhalten in Beziehungen. Wir sind eine Gesellschaft, die ein hohes Maß an verdrängtem, kollektivem und seelischem Schmerz in sich trägt, nicht zuletzt ausgelöst durch die beiden Weltkriege, die unsere Eltern und Großeltern durchleben mussten. Ein solches Erlebnis trennt Menschen unweigerlich ab von ihrer Lebensader, und viele unserer Vorfahren, die diese Zeiten überlebt haben, wurden schwer traumatisiert. Traumata können vererbt werden, dies wurde mittlerweile wissenschaftlich durch die Epigenetik[19] nachgewiesen. Du kannst dir vorstellen, was das bedeutet? Die Fachwelt spricht heute von den sogenannten "Kriegsenkeln".[20] Damit sind die Kinder gemeint, deren Eltern zur Zeit des Ersten und des Zweiten Weltkriegs geboren wurden. Weil es weltweit Kriege gab und gibt, ist die Menschheit in weiten Teilen der Welt nach wie vor traumatisiert, selbst wenn die heutigen Betroffenen niemals einen Krieg erlebt haben.

Wir können dankbar sein, dass unsere Lebensumstände bei uns in Europa so sind, dass wir Bücher wie diese schreiben und lesen können und nicht um unser Leben fürchten müssen wie noch unsere Eltern und Großeltern. Wir sind die übernächste Generation der Trümmerfrauen und Soldaten aus der damaligen Zeit, nämlich die Generation, die sich heute um die seelischen

Trümmer kümmert und zu kümmern hat. Dies geht nur mit Achtung für die Verletzungen unserer Eltern und Großeltern und mit Verständnis für die daraus resultierenden Dissoziationen. Es war nicht nur unerträglich, sondern sie konnten es sich schlichtweg nicht leisten zu fühlen. Sie mussten funktionieren, um zu überleben. Wir sind als Kinder im Dunst ihrer Gefühllosigkeit aufgewachsen und tragen heute unsere vererbten Trauma-Päckchen, die sich u. a. durch Ängste, Depressionen, Panikstörungen und psychosomatische Erkrankungen bemerkbar machen können. Wie nah liegt dann der Versuch, das Leben durch die Präsenz von Tieren etwas leichter und wärmer werden zu lassen. Ist das verwerflich? Nein, denn die Psyche sucht immer nach einem Heilungsweg und nach Möglichkeiten, Schmerz erträglicher zu machen. Das ist völlig natürlich. Und dennoch: In dem Moment, in dem uns bewusst wird, dass wir Kinder bekommen oder Tiere anschaffen, um unseren Schmerz erträglicher zu machen, tragen wir die Verantwortung für ihr Wohl, damit wir ihnen nicht unser Leid aufbürden.

Und jetzt kommt die wahrscheinlich endlich erlösende Nachricht: Wir können im Erwachsenenalter in vielen Fällen auch solche Themen nachträglich auflösen und heilen.

Seelenspiegel

Schaust in den Spiegel,
siehst dein äußeres Gesicht,
sorgsam pflegst du es,
aus Eitelkeit und auch aus Pflicht.

Schaust tiefer in den Spiegel,
öffnest vorsichtig sein Siegel,
siehst dir nun wahrhaftig in die Augen,
magst erkennen und magst glauben,
was sie dir im Seelenspiegel zeigen,
was sie offenbaren und nicht verschweigen.

Nun siehst du in dir klar und genau
den kleinen Jungen, den Mann,
das kleine Mädchen und die groß gewordene Frau.
Der Kleine, die Kleine
schauen tief zu dir aus deiner Seelenwelt,
zeigen dir, was sie brauchen,
was ihnen im Exil so sehr fehlt.

Der Große, die Große
schauen erwachsen aus der Alltagswelt,
sind bestrebt, dich zu ermahnen, dir aufzuzählen,
was nicht gut genug ist und was noch nicht gefällt.

"Du blickst tiefer, immer tiefer,
wie in einem klarem See ohne Grund,
entdeckst du deines Wesenskern wie einen kostbaren Fund."

Annette Dorstijn

Fallbeispiel aus der Praxis:

Die Angst in uns

Wenn ein Tier die tiefe Angst seines Menschen spürt, wird es darauf reagieren, selbst wenn der Mensch sich dieser Angst nicht einmal bewusst ist. Daher ist es so wichtig, sich das Verhalten von Tieren ganz genau anzusehen, anstatt Auffälligkeiten mithilfe von Erziehung, Maßregelung oder Hilfsmitteln zu unterdrücken. Damit wären diese nicht »weg«, sondern würden sich eine andere Form der Ausdrucksweise, beispielsweise in einem anderen Verhalten oder gar körperlichen Symptomen suchen müssen. Schauen wir uns den folgenden Fall an, in dem ein Hund die Angst seiner Halterin, die in der Kindheit entstanden ist, spiegelte.

Tanjas Schäferhündin Fanny führte sich bei Hundebegegnungen sehr aggressiv auf, und Tanja wollte gerne erfahren, warum sie sich immer »solche« Hunde aussuchte. Ich fragte sie, ob sie sich den geschilderten Situationen gewachsen fühle, und sie antwortete, dass sie sich in diesen Momenten sehr, sehr klein und hilflos fühle. Die Frage, ob sie als Kind schon den Wunsch nach einem Hund gehabt habe, bejahte sie mit Tränen in den Augen. Damals schon wünschte sie sich den Schutz durch einen Hund.

Wir wählten Stellvertreter für Hündin Fanny, die erwachsene Tanja, die kleine Tanja (4-5 Jahre alt) und Peter (ihren Mann). Die Stellvertreterin für Hündin Fanny deutete an, dass nach ihrem Gefühl jemand in der Aufstellung zu diesem Thema fehle. Tanja fühlte sofort, dass es sich um ihren Vater handeln musste, also haben wir einen Stellvertreter für ihren Vater dazugenommen. Fanny bekam sofort das Gefühl, die kleine Tanja schützen zu müssen, und stellte sich instinktiv zwischen Tanja und den Vater. Das war mehr als auffällig und bestätigte die Annahme, dass ein Training in Hundeführung das Führungsproblem allein nicht lösen konnte.

Tanja erinnerte dann, dass sie als Kind viele Angstträume hatte, über die sie mit niemandem hatte sprechen können. In den Träumen wollte sie fliehen und konnte nicht. Sie berichtete, dass ihr Vater schon sehr lange ein Alkoholproblem gehabt hatte und sie ihn in alkoholisierten Phasen nicht einschätzen konnte. Aus ihrer heutigen Sicht verließ er seinerzeit damit jedes Mal die behütende Vaterrolle, weshalb sie sich als kleines Mädchen häufig allein und schutzlos fühlte. Sie habe mit den Jahren einen gesunden Abstand zu ihm einnehmen können, fühlte aber auch ein schlechtes Gewissen dabei, so beschrieb sie den Status ihrer Beziehung. Als ich sie einlud, all dies ihrem Vater (dem Stellvertreter des Vaters in der Aufstellung) hier und jetzt zu sagen, war ihr dies nur sehr zaghaft möglich. So baten wir dann ihre Stellvertreterin, diesen Part für sie zu übernehmen, damit der Frust und die Trauer darüber sich einmal ihren Weg bahnen konnten. Tanjas Stellvertreterin übernahm dies nur zu gerne. Währenddessen blieb ich an der Seite meiner Klientin, um sie zu begleiten. Sie hätte sich selbst nie getraut, all dies auszusprechen, und verspürte eine tiefe Erleichterung, als sie ihre Stellvertreterin all das sagen hörte, was sie schon so viele Jahre zurückgehalten hatte. Der Vater wirkte dissoziiert und konnte daher gar nicht reagieren. Ich erklärte Tanja, dass ihr Vater alkoholkrank war und das Trinken nicht einfach einstellen konnte, selbst wenn er es wollte. Es wäre daher gut für sie, weiterhin so gut für sich zu sorgen und sich zu schützen, wie sie es bereits getan hatte. Ich bot ihr eine Deutung der Zusammenhänge und der Dynamik an, nämlich dass sie sich immer solche Hunde suchte, die ihr den Schutz vor unberechenbaren Situationen gaben, den sie als kleines Mädchen bereits so sehr gebraucht hatte. So fügten sich die Puzzleteile zu einem für sie stimmigen Bild zusammen und sie entschied, sich therapeutische Unterstützung zu holen, um ihr inneres Kind nachträglich zu heilen.

Wenig später vereinbarte sie einen Termin zu einer Einzelsitzung in meiner Praxis. Tanjas Wunsch galt dem inneren Wachstum und der Wiedererlangung ihrer natürlichen Stärke. Sie wollte an dem Thema der Aufstellung weiterarbeiten und berichtete, dass sich seitdem schon sehr viel getan hatte. Wir kümmerten uns in dieser Sitzung nun intensiver um das Kind in ihr, das sich in der Aufstellung und bereits in der Kindheit wie gelähmt gefühlt hatte. Sie wirkte im Anschluss an die Sitzung energiegeladener.

Zwei Tage später erreichte mich eine Mail von Tanja, in der sie mir fast euphorisch beschrieb, wie erleichtert sie sich fühlte. Sie war sogar angstfrei und leicht mit ihrer Hündin im Wald spazieren gegangen sowie sehr dankbar und gelöst.

Wie wundervoll! Dieser Fall macht so deutlich, dass Tiere fühlen, was in uns vorgeht, und uns im Grunde als äußere Seismographen wichtige Hinweise zu unserem Innenleben geben, wenn wir bereit sind, genauer hinzuschauen.

Aber auch hier sollte nicht JEDE schlechte Laune des Tieres sofort interpretiert werden, denn auch sie haben noch ein Eigenleben und nicht alles, was sie zeigen, hat immer mit uns zu tun.

So berichtete mir kürzlich ein Tierhalter sehr betroffen, dass er sich im Gespräch mit einem Tierpsychologen über die Erkrankung seines Tieres in Schuldzuweisungen wiederfand. Das hat ihn sehr verletzt, denn er gehört zu den Tierhaltern, die bereit sind, alles für ihr Tier zu tun. SO einfach ist es dann doch wieder nicht! Schließlich sind wir nicht allmächtig und in der Lage, in einem anderen Wesen »mal eben« eine Krebserkrankung auszulösen. Ich wünsche mir hier von den Menschen in den beratenden Berufen einen weiteren Horizont und vor allem mehr Achtsamkeit im Umgang mit ihren Kunden.

Die wenigsten von uns wollen ihren Tieren bewusst Schaden zufügen. Wir möchten vielmehr bestens für unsere Lieben sorgen und wissen es *noch* nicht besser.

Nachfolgend steigen wir noch tiefer in die Thematik ein, wie es zu Missverständnissen und Falschinterpretationen kommen kann, damit du für dich prüfen kannst, ob möglicherweise Spuren davon in deiner Geschichte zu finden sind und was du tun kannst, um etwas zu verändern.

Noch einmal zur Erinnerung: Damit wir liebevolle und wertschätzende Beziehungen führen können, ist es erst einmal wichtig, uns selbst kennenzulernen und unsere "Wurzeln" zu finden, mit denen wir uns in unserem Leben "halten" können, so wie es die Bäume tun. Sind deine Wurzeln stabil, stehst du für dich alleine gut oder hältst du dich unbewusst an anderen fest?

Es braucht von unserer Seite zunächst außerdem ein gewisses Maß an Bewusstsein, uns wahrnehmen zu können, die *eigenen Bedürfnisse* zu erkennen, uns selbst zu erfüllen und gut für uns zu sorgen. Tun wir dies nicht, so schlummern in uns möglicherweise unerfüllte Bedürfnisse, die wir unbewusst auf unser Tier oder auch andere Menschen projizieren und hoffen, dass diese sie uns erfüllen.

Auch interessant ist die Frage nach deinen eigenen Grenzen. Wo enden deine Grenzen und wo beginnen die Grenzen deines Gegenübers? Die Achtung vor deiner eigenen Freiheit und der des anderen ist die Grundvoraussetzung für ein Miteinander, das dem Wohle aller dient.

Ein weiterer Aspekt, der unser Bindungsverhalten bestimmt, sind unbewusste *Ängste*, die wir gelernt haben, früh zu verdrängen. Daher sind wir häufig fest davon überzeugt, einen Umgang mit ihnen gefunden zu haben. Meist ist dem leider nicht so. So meinen wir, dass es "normal" wäre, beispielsweise weiterhin auf der Landstraße zu fahren und Autobahnen zu meiden oder uns in unangenehme Situationen zu fügen, um dazuzugehören, uns nicht zu positionieren, um nicht aufzufallen oder uns nicht abzugrenzen, um niemanden zu verlieren.

Viele von uns haben als Kinder die Erfahrung von Ablehnung und Ausgrenzung gemacht und sind heute noch der festen Überzeugung, dass sie nicht in Ordnung sind, wie sie sind. Um das nicht fühlen zu müssen, haben diese Kinder seinerzeit alles unternommen, um geliebt zu werden und dazuzugehören, denn dies sind menschliche Grundbedürfnisse. Eine Strategie, damit umzugehen, ist zu versuchen, Fehler zu vermeiden und sich zur Perfektion zu zwingen.

Fallbeispiel:

Die Aufstellung von Patrizia zeigt, wie sehr eine solche Strategie jedoch einengen und dazu führen kann, uns selbst,

Mitmenschen oder unseren Tieren kaum noch Raum zum Atmen zu lassen.

Neuer Tag – neues Glück

Patrizia hatte ein schlimmes Jahr hinter sich, denn ihre beiden Hunde waren beide schwer erkrankt. Die Hündin Ally hatte mehrere Spondyloseschübe (Rückenerkrankung) und der Rüde Neptun bekam kurz vor Weihnachten Probleme mit der Milz sowie innere Blutungen. Mitte des Jahres war ihr bester Freund verstorben, ihre beste Freundin hatte ihren Hund verloren und nun selbst eine Krebserkrankung durchzustehen. Zu allem Überfluss war ihr Ex-Mann zum Scheidungstermin vor Gericht einige Wochen zuvor mit seiner neuen Partnerin an der Hand erschienen. Das alles war eindeutig zu viel für Patrizia. Ihr Klärungswunsch an die Aufstellung lautete: Wie kann ich zuversichtlich in das neue Jahr starten und dafür sorgen, dass meine Hunde unbelastet sein können und frei von meinen Themen sind? Ihre Vermutung war, dass die innere Spannung, die die vorangegangenen Ereignisse in ihr ausgelöst hatten, sich auf ihre Hunde übertrug.

Während Patrizia uns sichtlich bewegt ihr Thema schilderte, hatte sich Lissy, der Hund einer Teilnehmerin, in den Seminarraum geschlichen und direkt vor ihre Füße gelegt. Das hat uns alle sehr berührt. Tiere spüren instinktiv, wenn sie mit ihrer Präsenz für Entspannung sorgen können.

Für ihre Aufstellung wählte sie aus den anwesenden Teilnehmern Stellvertreter für sich selbst, ihre Hunde Neptun und Ally und für die Zuversicht. Ihre beiden Hunde stellte sie direkt rechts neben sich auf. Hinter ihr lag die Zuversicht.

Wir gaben den Stellvertretern die Zeit, sich in dem jeweiligen Energiefeld einzufühlen. Dann befragten wir sie nacheinander nach ihrem Befinden an ihrer Position. Patrizia erkannte dabei zu ihrer Beruhigung schnell, dass es ihren Hunden trotz körperlicher Themen im Grunde ziemlich gut ging. Auffällig war jedoch, dass sie selbst nur sehr flach atmete, wie man an ihrer Stellvertreterin sehr gut sehen konnte. Also lag unser Fokus zunächst vor allem auf ihr und ihrem Wohl. Meiner Intuition folgend fragte ich Patrizia, was ihr so sehr den Atem nehmen würde, und sie berichtete, dass sie sich immer sehr um Perfektion bemühe. Immer alles richtig zu machen, war ihre Strategie, um Unheil zu verhindern. Damit verbrachte sie 24 Stunden ihres Tages – auch ihren Schlaf, so berichtete sie. Das war sehr anstrengend und ließ ihr keinen Raum, das Leben als solches wirklich wahrzunehmen und anzunehmen, geschweige denn zu genießen. Ihre Stellvertreterin schilderte ihr Empfinden auf Patrizias Position in der Aufstellung so, dass sie sich wie in ein Korsett gezwängt fühle, und auch die beiden »Hunde« gaben an, dass sie sich lieber freier bewegen würden. Alle fühlten die Enge, die dieser bisherige Lösungsversuch ausgelöst hatte. Die Stellvertreterin für die Zuversicht gab an, dass sie lieber vor Patrizia stehen würde als hinter ihr, denn sie konnte so ja gar nicht gesehen werden.

Für meine Klientin wurde deutlich, dass in ihrem Leben etwas in Bewegung kommen musste. Sie hatte nun lang genug ihren Fokus auf die Katastrophen gelenkt, die so oder so geschehen, denn wir können sie auch bei aller Anstrengung nicht kontrollieren oder verhindern. Warum also nicht lieber die Aufmerksamkeit auf die Zuversicht richten? Sie wollte nun etwas Neues versuchen und bat ihre Stellvertreterin, sich hinter die Zuversicht zu stellen. So richtete sie fortan ihren Blick auf etwas für sie Positives. Ihr Körper entspannte sich etwas. Mutig gab sie ihren stellvertretenden »Hunden« die Erlaubnis, sich im Raum frei zu bewegen, obwohl es ihr damit zunächst noch nicht gut ging, denn sie musste ein Stück weit die bisherige Kontrolle aufgeben. Dabei stellte sie jedoch überrascht fest, dass sie sich in diese neue Situation ein wenig hineinentspannen und somit den Hunden deutlich mehr Raum lassen konnte. So machte ihr Organismus eine neue Erfahrung, nämlich die, dass es sich auch in der Entspannung durchaus sicher anfühlen kann. Das ist für jemanden, der Ängste hat, zunächst kaum vorstellbar.

Dann bat ich Patrizia, ihren Platz in ihrem System selbst einzunehmen, damit sie hineinspüren konnte, wie es sich für sie mit dieser neuen »Ordnung« anfühlte.

Während sie auf diesem Platz stand und dieses Wohlgefühl erspürte, konnte man an ihrem Körper ablesen, wie sie zuversichtlicher wurde und tiefer atmete. Patrizia sagte dann, dass sie gerne morgens aufwachen möchte mit dem Gedanken »neuer Tag, neues Glück«. Dafür wollte sie sich zur Erinnerung einen Zettel an den Kühlschrank kleben.

Ihr Wunsch war, das neue Leben ab sofort buchstäblich zu schmecken, indem sie nach der Arbeit nicht wie bislang direkt nach Hause fuhr, sondern vorher auf dem Heimweg noch einen Kaffee trinken wollte. Um dies entsprechend zu würdigen, wollte sie am übernächsten Tag mit ihren Hunden wandern gehen.

Zum Abschluss sagte sie, dass es für sie noch nicht leicht sei anzunehmen, dass es ihr gut gehen dürfe, auch wenn es anderen Menschen oder Tieren schlecht ging oder sie sogar im Sterben lagen.

Als ich Patrizia um die Erlaubnis zur Veröffentlichung ihrer Aufstellung in diesem Buch anschrieb, antwortete sie mir mit folgenden Zeilen:

Liebe Birgit, das ist lange her - und seitdem ist viel geschehen, aber es fühlt sich gut an, so als wäre es genau so gewesen, also war es das auch. Das mit dem Kaffeetrinken vor der Heimkehr krieg ich immer noch nicht hin (mich drängt es nach Hause zu meinen Vierbeinern), aber die Wanderung habe ich mit meinen Schätzen gemacht und es war toll, entspannt, ohne Ängste, Freilauf für alle und keiner hat sich verselbstständigt. Dass mein Ex-Mann mit dem Scheidungsgrund an der Hand vor Gericht erschienen ist, habe ich, glaube ich, noch immer nicht verpackt. Sein Verrat und meine Verletzung waren echt zu heftig. Aber heute ist heute, gestern ist eine Tür, die zugeschlagen wurde, und morgen ist ein Fenster, das aufgestoßen werden will. Lass dich umarmen, Patrizia

Die Enge, die ihre Hunde empfunden haben, wollte Patrizia ihnen nicht länger zumuten. So machte sie aus Liebe zu ihnen einen mutigen Schritt durch ihre Angst und konnte feststellen, dass dies sogar entspannend sein kann.

Deine und meine Grenzen

Die eigenen Grenzen zu fühlen und die der anderen zu wahren, fällt nicht nur Patrizia, sondern vielen von uns noch nicht ganz leicht. Wir hatten als Kinder häufig nicht die Erlaubnis, unsere Grenzen deutlich zu definieren und zu verteidigen. Daher können wir gar nicht wissen, wie eine solche Grenze überhaupt aussehen könnte.

Dazu möchte ich dir folgendes Bild anbieten: Stell dir vor, du befindest dich in einem großen, durchsichtigen Ei, das dich umgibt. Es ist so weit, wie deine Arme reichen, wenn du sie zu den Seiten, nach vorne und hinten sowie nach oben hin ausstreckst. Die Eierschale ist deine Grenze, schon von Geburt an. Der Raum im Inneren der Schale ist dein Raum. Er gehört nur dir. Du allein darfst entscheiden, wer deine Grenzen berühren oder überschreiten und deinen Raum betreten darf. Jeder von uns hat einen solchen Raum. Stehst du einmal irgendwo an einer Kasse, fühlst du sicher auch, wenn jemand von hinten zu nah an dich herantritt, denn er hat deine Grenze überschritten. Es fühlt sich unangenehm nah an, und du hast das Gefühl, einen angemessenen Abstand wiederherstellen zu wollen.

Geht es unseren Liebsten einmal schlecht, neigen wir dazu, unseren Raum zu verlassen und uns in ihr "Ei" zu begeben, in der Hoffnung ihren Schmerz lindern zu können. Dabei können zwei Probleme entstehen, denn erstens hast du deinen Raum verlassen und zweitens bist du in bester Absicht, aber ungefragt in den Raum des anderen eingetreten, der dies vielleicht gar nicht wollte. So befinden sich zwei Wesen in einem Ei, während eins unbewohnt ist - und dies, obwohl niemand darum gebeten hat. Ähnlich verhält es sich umgekehrt, wenn wir es nicht schaffen, ein Nein zu formulieren. Dann sitzt sehr schnell jemand mit uns in unserem Ei, und wir haben uns selbst erneut verlassen.

Bei sich im eigenen Raum zu bleiben, ist für viele Menschen eine Herausforderung, denn selbst wenn wir wissen, dass wir gerade nichts für unsere geliebten Wesen tun können, sind wir gedanklich, körperlich und/oder mit dem Gefühl bei ihnen und wünschen ihnen nur das Beste. Ihr Leiden macht uns betroffen, ohnmächtig, traurig und manchmal sogar wütend. Es lässt uns verzweifeln, wenn wir nur hilflos danebenstehen können. Das Einzige, was wir dann tun können, ist, liebevoll präsent zu sein, den anderen zu begleiten und ihm durchaus auch zuzutrauen, seine Herausforderungen meistern zu können. Gleichzeitig sollten wir dabei auch gut für uns sorgen und in unserem Raum bleiben. Ich habe für solche Phasen in meinem Leben auch noch nicht DEN perfekten Weg im Mitfühlen gefunden, aber es gelingt mir in kleinen Schritten immer leichter, wenigstens minutenweise den eigenen Schmerz und die eigene Trauer in solchen Situationen zu fühlen, während mein Leben dennoch weiter pulsiert und auch pulsieren darf, auch wenn es meinem Gegenüber nicht gut geht. Wem nützt es, wenn wir uns auch schlecht fühlen? Wie wollen und können wir dann für die Liebsten da sein? Wir nehmen den anderen dadurch auch kein bisschen von ihrem Leid ab. Ist das nicht verrückt? Es ist also niemandem gedient - und dennoch leiden wir mit. Das nennen wir Mitleid, und Mitleid ist völlig sinnlos. Der natürliche und gesunde Umgang ist das Mitfühlen. Es wird uns immer berühren, wenn es unseren Liebsten nicht gutgeht. Es muss aber nicht unsere Grenzen überschreiten und ebenfalls Leid in uns auslösen.

Daher lautet die Formel: Mitfühlen ja - Mitleiden nein.

Vielleicht hilft auch ein wenig der Blick aus einer anderen Richtung auf solche Situationen, nämlich der, dass jede Herausforderung uns wachsen lässt, uns dazu "heraus-fordern" kann, Potenziale in uns zu entfalten, die wir bislang noch nicht leben.

Was passieren kann, wenn wir unseren Raum verlassen, um uns immer mehr um andere zu kümmern, und uns selbst dabei völlig vergessen, zeigt der Fall einer systemischen Aufstellung von Hildegard.

Fallbeispiel aus der Praxis:
Das innere Kind

HildegardsThema war, dass sie sich ständig getrieben fühlte, und so wirkte sie auch, als sie zur Aufstellung kam. Sie hatte bereits vor zwei Jahren eine Burn-out-Erkrankung überwunden und sah ihre Aufgabe darin, ständig ihre Familie im Blick zu haben, zu der ihreTöchter Stella (21), Ulrike (18), ihr Mann Herbert sowie der Hund Tommy gehörten. Sie beschrieb, sie lebe ständig mit einem schlechten Gewissen, dass all das, was sie leistete, immer noch nicht reichen würde. Meine Klientin schuftete, bis ihr die Augen zufielen.

Ihr jetziger HundTommy war sehr ängstlich, und sie wollte wissen, ob dies mit der familiären Situation zusammenhing. Ihre ältere Tochter Stella litt unter starkem Übergewicht und lebte das völlige Gegenteil der Mutter aus, indem sie alles ganz »leicht« nahm, wie meine Klientin ihreTochter beschrieb. Stella, so sagte Hildegard, befände sich auf der »Sonnenseite des Lebens« und machte sich um nichts Gedanken, während die Eltern und die Oma ständig darum bemüht waren, ihr zu erklären, dass sie abnehmen solle. Hildegard machte sich auch hier Vorwürfe, dass sie nicht viel früher auf das Gewicht derTochter geachtet hatte.

Meine Klientin ist die einzige Tochter eines Ehepaars, das noch drei Söhne hatte und einen eigenen Betrieb führte, als die Kinder noch klein waren. Hier wurde grundsätzlich nicht pausiert. Im Alter von zehn Jahren kam Hildegard in ein Internat. Dort entwickelte das Mädchen großes Heimweh nach seiner Familie, sagte ihren Eltern jedoch nie etwas davon, um ihnen nicht zur Last zu fallen. Hildegard hielt tapfer durch und blieb brav im Internat, obwohl sie als Kind in dieser Situation eigentlich Unterstützung gebraucht hätte.

In unserem Gespräch arbeiteten wir neben der Angst des Hundes und dem Übergewicht der Tochter zwei Bereiche heraus, die in dieser Familie auffällig waren, nämlich »Sonnenseite« und »Schattenseite«. Wenn ein Familienmitglied so vehement wie Stella eine andere Haltung als alle anderen vertritt, könnte dies durchaus ein wichtiger Hinweis sein.

Hildegard teilte den Raum mit einem Seil in Sonnenseite und Schattenseite auf.

Tochter Stella und Hund Tommy platzierte meine Klientin auf der Sonnenseite, Tochter Ulrike und den Ehemann auf der Schattenseite. Hildegards Stellvertreterin sollte genau auf der Höhe der Linie zwischen beiden Seiten stehen, je mit einem Fuß auf einer der beiden Seiten. Dort kippte sie immer von einem Fuß auf den anderen – so als würde sie in der Mitte einer Wippe stehen und versuchen, durch die Verlagerung ihres Gewichts ein Gleichgewicht herzustellen. Versuchsweise nahm ich den Hund Tommy vorübergehend aus dem System heraus, um zu prüfen, was dann passierte. Schnell wurde durch die aufkommende Unruhe deutlich, dass der Hund allen Halt gab – vor allem Hildegard. Bei der Befragung von Tommys Stellvertreter berichtete dieser, dass der Hund mit der familiären Situation total überfordert war und dadurch diffuse Ängste entwickelte, die Hildegard bereits bei ihrem Hund beobachtet hatte. Zu viel war es auch für die ältere Tochter Stella, denn ihre Stellvertreterin gab an, dass sie ihr »Über-Gewicht« (die Last) eigentlich für ihre Mutter trug. Scheinbar nahm sie doch nicht alles so leicht, wie es auf ihre Familie wirkte. Hildegards Stellvertreterin fühlte sich ebenfalls nicht gut. Sie schilderte, sie sei extrem ausgelaugt, so als würde ihr Lebenslicht immer kleiner werden. Als Stella zu ihrer Entlastung und um die Ordnung herzustellen ihrer Mutter das Übergewicht übergeben wollte, flüchtete sich diese auf die Schattenseite, wo ihr Mann für sie die schwere Last übernahm. Auf der Schattenseite brach Hildegard völlig zusammen. Sie fühlte sich klein, überfordert und hilflos wie eine 4-Jährige, die eine gesamte Familie stabilisieren muss. Meine Klientin erinnerte sich in diesem Moment, dass ihre Mutter ihr niemals hatte Liebe zukommen lassen. Noch heute, so erkannte sie jetzt, tat sie alles, um endlich diese Liebe zu erhalten. Sie gab sich daher unendlich viel Mühe, um nicht aufzufallen und stattdessen immer zu funktionieren, damit niemand etwas kritisieren konnte. Diese Strategie hatte sie als kleines Mädchen unbewusst gewählt und bis heute verfolgt. Es wurde deutlich, dass in Hildegard ein zutiefst bedürftiger, kindlicher Anteil seit so vielen Jahren immer noch hilfesuchend auf Unterstützung hoffte. Diese Unterstützung erhalten wir als Erwachsene nicht mehr von unseren Eltern, wir können sie uns aber selbst zufließen lassen.

So wählte meine Klientin einen Stellvertreter für ihr erwachsenes Ich und stellte dieses der kleinen 4-jährigen Hildegard zur Seite, um diese nachträglich zu »beeltern«[21] und zu schützen. Die Stellvertreterin für die 4-jährige Hildegard weinte bitterlich, als die Erwachsene sie tröstend in ihren Armen wiegte. Nun konnte sie endlich einmal all die Spannungen und das Gefühl der Überforderung und des Alleinseins von sich abfallen und sich halten lassen.

Hund Tommy und auch ihre Töchter näherten sich der Mutter und gesellten sich um sie. Mir war wichtig, in diesem Moment darauf zu achten, dass die Kinder wie auch der Hund nicht in die Rolle der Seelentröster »kippten«, sondern erkannten, dass »Hildegard groß« und »Hildegard klein« die Situation sehr gut selbst bewältigen konnten.

Als die kleine Hildegard ausgeweint hatte, erklärte ich meiner Klienten, dass all das Erlebte in der Kindheit viel zu viel für ein kleines Mädchen gewesen war und es nun wichtig wäre, die innere 4-Jährige selbst an die Hand zu nehmen und ihr zu zeigen, dass ihr zugehört und ihre Gefühle ernst genommen werden. Diese Aufgabe war nun zukünftig Hildegards Fürsorge für sich selbst. Wir besprachen im Detail, wie sie die Kleine in sich nachbeeltern konnte. Dies ist möglich, wenn wir aufmerksam und zugewandt nach innen lauschen und fühlen, wann dieser kindliche Anteil etwas braucht (z. B. liebevolle Anerkennung, Schutz, Ruhe, Grenzen, Sicherheit). So können wir nach und nach lernen, das Leben zu genießen und uns selbst ernst und wichtig zu nehmen. Immer wenn in Zukunft ihre Aufmerksamkeit zu anderen fließen würde, um von sich abzulenken und vor allem um wieder alles richtig zu machen, durfte Hildegard nun üben, diese Aufmerksamkeit viel öfter sich selbst zukommen zu lassen.

Dies braucht tägliche Übung, so als wolle man einen vergessenen Muskel trainieren. Denn das alte »Programm« ist über so viele Jahre einstudiert worden, dass es eine Weile braucht, bis ein neues Verhalten übernommen werden kann.

Die Ängste von Tommy führten Hildegard zu ihren eigenen Ängsten und somit auf ihren Heilungsweg.

Viele von uns haben in unserer Kindheit gelernt, sich selbst nicht so wichtig zu nehmen und sich stattdessen lieber um andere und anderes zu kümmern. So haben wir uns in der Folge Situationen zugemutet wie trotz Schmerzen in die Schule zu gehen, Trauer zu verdrängen und die eigenen Grenzen zu übergehen, um nicht als Egoist verurteilt zu werden.

Sich um sich selbst liebevoll zu kümmern, ist Selbstliebe und kein Egoismus. Würden wir uns nicht vor allem zunächst einmal um uns kümmern, wer würde es dann tun?

Burn-out kann das Ergebnis kontinuierlicher Grenzüberschreitung sein, auch durch uns selbst. Leben wir ständig gegen einen inneren Widerstand an, den wir überwinden müssen, kostet dies viel Kraft und wir brennen aus. Wir merken gar nicht, dass wir uns selbst verlassen, um etwas zu tun, das wir nicht wirklich tun wollen. Dabei verraten und verletzen wir uns jedes Mal selbst. Dies schwächt unsere Energie, was leicht dazu führen kann, dass andere unsere Grenzen ebenfalls überschreiten, denn diese sind irgendwann nicht mehr erkennbar. Die Selbstwirksamkeit und Eigenermächtigung schwindet zunehmend und die Betroffenen fühlen sich nur noch leer.

Der heilsame Weg führt daher über Achtsamkeit in die Selbstliebe und somit Schritt für Schritt zu einem stabilen Selbst.

5. KAPITEL

Heilung ist möglich – der Weg zu dir

Eine Weisheit des Buddhismus

Liebe beginnt mit dir selbst. Noch bevor sich eine andere Person in deinem Leben manifestiert. Die Lehre über die Liebe im Buddhismus besagt, dass, wenn du nach Hause gehst, zu dir selbst nach Hause, du das Leid in dir erkennst. Das Verstehen des eigenen Leids wird dir helfen, dich besser zu fühlen und zu lieben, weil du deine eigene Vollständigkeit, die Erfüllung in dir selbst spürst. Um anzufangen zu lieben, brauchst du keine andere Person. Du kannst mit dir selbst beginnen.

Tiere spiegeln unsere Spannungen, unsere Ängste, unseren Ärger – all die Aspekte in uns, die wir verdrängen, die wir nicht haben wollen, nicht an uns leiden können, selbst nicht erkennen oder denen wir uns nicht gewachsen fühlen. Sie können hinter unsere Rüstung schauen und machen durch ihr Verhalten auf unser Innenleben aufmerksam. Wir helfen also zunächst einmal uns selbst, dann unserem Tier und letztlich unserem gesamten Umfeld sowie der Heilung unseres Planeten, wenn jeder von uns Stück für Stück, langsam und achtsam, Teile seiner Rüstung ablegt und sein wahres Wesen erblühen lässt.

Erst kürzlich ist mir über meinen Hund Merlin wieder etwas bewusst geworden. Angestrengt und genervt fand ich mich auf einer Feierlichkeit in einer Großstadt wieder, bei der unzählige Erwachsene und mehrere kleine Kinder einen für mich ohrenbetäubenden Lärm und ein heilloses Durcheinander produzierten. Ich, die die Stille liebt und sich am wohlsten weit draußen in der Natur fühlt, war hier eindeutig am falschen Ort. Glücklicherweise hatte ich die Möglichkeit, mich immer wieder zurückzuziehen, damit sich meine rot glühenden Nervenenden wieder abkühlen konnten. Bei einer dieser Auszeiten fiel mir Merlin ein, der auch auf Kinderstimmen, unangenehme und laute Geräusche, wie Gewitter und Feuerwerk, mit Unruhe reagiert. Sein Verhalten hatte mich bislang immer eher genervt, denn in der Folge verbreitete er durch sein rastloses Umherlaufen sowie leises Bellen und Knurren eine zusätzliche Unruhe. In dem Moment der Erkenntnis konnte ich unser beider Reaktionen auf solche Außenreize quasi übereinanderlegen und dabei feststellen, dass wir auf dieselben Auslöser gleichermaßen reagieren. Auch Merlin ist Entspannung nur in absoluter Ruhe möglich, weil wir beide ein Nervensystem haben, das schnell überreizt sein kann. Als mir das bewusst wurde, forschte ich nach Parallelen möglicher Ursachen bei uns beiden und fand sie auch. Merlin hatte seine frühe Welpenzeit regelrecht verschlafen, während seine Geschwister neugierig die Welt erkundeten. Ich hatte in meiner frühen Säuglingszeit ebenfalls nur eingeschränkte Möglichkeiten, mein Nervensystem zu "trainieren" und in der Folge zu regulieren, weil ich aufgrund einer Erkrankung meiner Mutter nicht das Maß an Zuwendung erhielt, was sie mir unter gesunden Umständen hätte zukommen lassen.

Werden wir als Kinder in Stresssituationen nicht angemessen begleitet oder wird auf unsere emotionalen und körperlichen Bedürfnisse nicht eingegangen, beispielsweise wenn wir als Babys Hunger oder Angst haben, können sich in unserem Gehirn nicht genügend Stressrezeptoren ausbilden. Bleibt diese so dringend benötigte Unterstützung in einer Notsituation aus und reagiert niemand auf unser hilfloses Schreien oder Weinen, kollabiert unser Nervensystems und wir verfallen in einen zeitlich begrenzten Immobilitätszustand (Freeze). Das sind dann häufig die Momente, in denen Erwachsene sagen "Jetzt ist er lieb!", nachdem der drei Monate alte Säugling über 20 Minuten nach Hilfe gerufen hat. Das kleine Kind lernt: Wenn ich Hilfe brauche, kommt niemand. Das haben viele von uns erlebt und leben heute noch mit dem Gefühl der Überforderung von damals.

Glücklicherweise ist es möglich, durch therapeutische Hilfe die bislang fehlende Fähigkeit der Selbstregulation nachträglich zu entwickeln, denn wir sind nicht unsere Vergangenheit. Wir leiden vielmehr unter dem Fortbestehen alter Muster. Zunächst gilt es, dies zu akzeptieren, anstatt zu resignieren, indem wir liebevoll auf uns schauen und lernen, uns und unsere Muster zu beobachten. Das Bewusstsein, das dadurch nach und nach wächst, lässt immer häufiger Botschaften aus dem Körper zu uns vordringen. So lernen wir, uns besser zu verstehen und den leidvollen "Geistern" der Vergangenheit ihren Schrecken zu nehmen.

Begegnen dir bei deinen Beobachtungen intensive Gefühle, so gibt es auch hier eine Beruhigung. Die Neurowissenschaftlerin

Jill Bolte[22] hat herausgefunden, dass Gefühle nach bereits 90 Sekunden vorbeigehen. Folgen wir ihnen durch unseren Organismus und beobachten sie sowie uns dabei, können wir diese Erfahrung selbst machen. "Laden" wir jedoch unsere alten und schmerzvollen Geschichten immer wieder mit Energie auf, indem wir sie wiederholt erzählen, uns mit ihnen identifizieren oder immer noch versuchen, jemandem die Schuld dafür zu übertragen, dann verlängern wir nur unsere eigene Leidenszeit.

Freier Mensch – entspanntes Tier

Gedanken, Gefühle, Impulse, Selbstschutz

Endlich frei sein

Noch mit Maskenbild.
Noch vor der Brust das Schutzschild.
Noch verschüttet die Spur zur wahren Natur.
Noch vernebelt der Blick.
Noch zu steif das Genick,
um den Kopf in eine andere Richtung zu drehen
und mit 360 Grad das große Ganze zu sehen.
Noch aus dem bleiernen Dornrosenschlaf nicht aufgewacht.
Noch nicht die Glieder bewegt
und dich auf den Weg gemacht.

Dann ist jetzt deine Zeit, die Masken abzulegen,
dich ohne Schutzschild zu bewegen.

Deine Spur freizuräumen.
Deine wahre Natur zu leben und zu träumen.
Deinen Blick zu klären.
Dir den vollen Horizont zu gewähren.
Deinen Betäubungsschlaf zu beenden
und dich neuen Ufern zuzuwenden.

Annette Dorstijn

Die meisten Menschen hängen unbewusst in ihren Gedanken an die Zukunft oder die Vergangenheit fest. Ich auch. Mit der Vergangenheit identifizieren wir uns und für die Zukunft lassen wir Bilder der Hoffnung entstehen, dass alles irgendwann einmal besser werden und sich zum Guten wenden möge. Kommen extrem schwere Situationen wie Krankheit, Konflikte oder Verluste hinzu, verschärft sich dieser unbewusste Zustand und macht sich in Form von massiveren physischen oder psychischen Symptomen bemerkbar. Wäre es uns möglich, unsere Gedanken immer wieder in die Gegenwart einzuladen und immer öfter in diesem Moment zu verweilen, uns dem Leben hinzugeben und die Erfahrung zu machen, dass das Leben immer nur im gegenwärtigen Augenblick stattfindet, dann müssten wir nichts mehr suchen, planen, hoffen oder anklagen. Wir würden vielmehr fühlen können, dass längst alles da ist. Wünsche wie Reichtum, freie Zeit, Traumpartner, tolle Weltreisen blockieren unser Gewahrsein im Jetzt. Jammern über das, was passiert ist, blockiert unser Gewahrsein im Jetzt. Vergangenes ist nicht mehr zu ändern.

Befindest du dich heute zum Beispiel in einem Zustand von Ärger, dann beobachte, wie sich dieser Ärger in Form von Gedanken und Emotionen in dir manifestiert.

Was denkst du, wenn du dich ärgerst?

Und wenn du diesen Gedanken denkst, was fühlst du dann?

Ist das ein angenehmes Gefühl?

Denkst du nun, dass du keine Wahl hast, denn jemand anderes hat ja das Gefühl ausgelöst?

Stimmt das wirklich?

Ist es nicht vielmehr die Weise, wie du die Situation betrachtest?

Jemand verhält sich dir gegenüber unangemessen. Du denkst: "Was für ein Idiot!" Du weißt nicht, was in dem anderen vorging, als er sich so verhalten hat. Du hast nun zwei Möglichkeiten: Du sprichst ihn an, um das Feld zwischen euch zu klären, oder du entscheidest dich, dieser Situation mehr oder weniger Energie zu geben. Du kannst weiter deinen Gedanken über den anderen Menschen nachhängen oder dich fragen: "Was hat das mit mir zu tun? Gehe ich ähnlich mit mir um? Gehe ich mit anderen so um? Was spiegelt mir diese Situation?" Du aber entscheidest in jedem einzelnen Moment, stimmt's? In dem Moment, in dem du innerlich ärgerlich wirst, wirst du diese Emotion ausstrahlen. Damit strahlst du negativ in dich hinein und auch nach außen in dein Umfeld. Auf diese Weise wirst du noch mehr von dem anziehen, was du gerade nicht möchtest, denn es geht immer die Energie mit dir in Resonanz, die du gerade aussendest. Und nicht nur dies: Weil die meisten Menschen unbewusst sind, und das sind wir schon seit vielen Jahren (Jesus hat sich seinerzeit schon den Mund fusselig geredet), sind die inneren Zustände, wie du mittlerweile weißt, im Äußeren sichtbar als Spiegel. Nur wer unbewusst mit sich ist, so viel Verunreinigung in Form von Gedanken und Gefühlen in sich trägt wie wir Menschen in der heutigen Zeit, kann fähig sein, mit anderen Wesen und der Umwelt, Mutter Natur, die uns nährt, so umzugehen und sie ebenfalls so zu verschmutzen, wie wir uns selbst. Hast du je erlebt, dass die Klärung einer Situation zum Wohle aller Beteiligten herbeigeführt werden konnte, wenn es so richtig zwischen dir und einem anderen Menschen "geknallt" hat? Im ersten Moment vielleicht schon, weil sich der Druck entladen konnte. Es wurde jedoch auch viel Porzellan zerschlagen und Gift versprüht. Dies tut dir und auch dem anderen nicht gut. Im Gegenteil, denn ihr habt euch dadurch gegenseitig verletzt und mit eurer negativen Stimmung angesteckt. Anschließend werdet ihr mit eurem Frust weitergezogen sein, wobei ihr weitere Menschen oder auch Tiere angesteckt habt. Geht es uns damit wirklich besser? Nein. Verbreiten wir auf diese Weise Frieden auf der Welt? Nein. Macht es also Sinn, diesen Weg weiter zu verfolgen, oder ist es an der Zeit, eine andere Strategie zu versuchen und sich daran zu beteiligen, unseren Umgang miteinander friedvoller und liebevoller zu gestalten? Befindest du dich in einer Situation, die dir nicht behagt, kannst du sie annehmen, verändern oder verlassen. Du hast die Wahl und trägst die Verantwortung für dein Leben und die Konsequenzen deines Verhaltens.

Die Geschichte von den zwei Wölfen

Eine Weisheit der Cherokee-Indianer

Ein alter Indianer saß mit seinem Enkelsohn am Lagerfeuer. Es war schon dunkel geworden und das Feuer knackte, während die Flammen in den Himmel züngelten.

Der Alte sagte nach einer Weile des Schweigens: "Weißt du, wie ich mich manchmal fühle? Es ist, als ob da zwei Wölfe in meinem Herzen miteinander kämpfen würden. Einer der beiden ist rachsüchtig, aggressiv und grausam. Der andere hingegen ist liebevoll, sanft und mitfühlend."

"Welcher der beiden wird den Kampf um dein Herz gewinnen?", fragte der Junge. "Der Wolf, den ich füttere", antwortete der Alte.

Als sich mir vor drei Jahren die Frage stellte "Wer bin ich?", begann ich, mich und die Gefühle in mir genauer zu beobachten. Dadurch haben sich nach und nach meine Sinne geschärft für das, was sich stimmig und nicht stimmig anfühlt. Was genau ist mit "stimmig" gemeint? Dafür ist unser Körper ein wundervoller Seismograph. Er merkt sofort, wenn wir uns verraten, wenn wir nicht das tun, was "eigentlich" richtig wäre.

Stell dir als Beispiel folgende Situation vor: Du sitzt gemeinsam mit Freunden zusammen und vertraust ihnen an, dass es momentan finanziell unverschuldet gar nicht gut läuft und dies durchaus Existenzängste in dir auslöst, weil du bereits Schulden machen musstest. Einer deiner Freude antwortet salopp mit einer abwinkenden Handbewegung: "Dann musst du halt den Gürtel enger schnallen!" Wie fühlst du dich, wenn du das hörst? Es kann sein, dass du jemand bist, der über genügend "Teflonbeschichtung" verfügt, so dass dieser Satz an dir abperlt. Vielleicht ergeht es dir aber so, dass eine Bemerkung wie diese nachhallt - manchmal über Stunden, Tage oder Wochen. Wir bemerken diesen fahlen Beigeschmack, wenn wir an das Treffen denken. Irgendwann wird uns klar, WAS genau in uns dieses Gefühl verursacht hat, und der Kopf beginnt zu rattern, indem er einen internen Dialog führt. Einen Dialog darüber, wie eine Reaktion unsererseits in diesem Moment am besten ausgesehen hätte. Vielleicht fühlst du dich sogar vor der versammelten Mannschaft bloßgestellt sowie minderwertig und ärgerst dich, nicht anders reagiert und dich positioniert zu haben. Sind wir wach und bewusst, spüren wir sehr zeitnah, dass die Worte uns getroffen haben.

Die Meisterschaft liegt darin, zukünftig schon im jeweiligen Moment zu fühlen, was sich nicht "stimmig", nicht gut für uns anfühlt, und dies auszudrücken. Zumindest unter Freunden sollte so etwas möglich sein. Im genannten Beispiel hätte dies in Form einer Frage wie "Wie genau meinst du das?" erfolgen können, um unserem Organismus zu zeigen: Hey, ich bin wach und kümmere mich! Und so können wir dem Gegenüber die Möglichkeit geben, dies genauer zu erklären. Natürlich wäre dann ein klärendes Gespräch sinnvoll, vielleicht aber besser später und unter vier Augen.

Eine andere Variante, uns selbst gerecht zu werden, ist, wertvolle Impulse zu hören und ihnen nachzugehen. Impulse kommen aus dem Inneren und zeigen uns, wer wir sind und was wir uns wünschen. Leider trauen wir uns zu oft nicht, ihnen zu folgen, weil wir befürchten, jemandem zu nahezutreten, bewertet zu werden oder anzuecken. Unterdrücken wir diese Impulse jedoch, so wird unsere Seele irgendwann resignieren und zunehmend weniger Impulse senden.

Was können wir tun?

Wir können uns regelmäßig selbst im Innen "besuchen" und auf diese Weise ein Gegengewicht zum "Funktionsmodus" erschaffen. Nach und nach lernen wir, immer deutlicher innere Impulse zu fühlen, und können bewusst entscheiden, diesen zu folgen.

Hilfreich kann hier sein, sich mehrfach täglich sehr bewusst und aufmerksam folgende drei Fragen zu Körper, Geist und Psyche zu stellen:

1. Wie fühlt sich mein Körper gerade an? Und was braucht er jetzt von mir? Was kann ich ihm Gutes tun?
2. Wie sieht meine Gedankenwelt aus und gibt es hier etwas, was ich mir genauer anschauen sollte?
3. Wie fühlt sich mein Gefühlsleben an? Was brauche ich jetzt in diesem Moment?

Warum diese drei Fragen? Diese Fragen sind eine Möglichkeit, deine Aufmerksamkeit auf dein Befinden zu richten und mitzubekommen, was in deinem Inneren vor sich geht. Du kannst dir zusätzlich eine Skala von 0 bis 10 vorstellen. 0 entspricht dem, was sich nicht gut anfühlt, und 10 dem, was sich richtig gut anfühlt. Auf dieser Skala kannst du deinen derzeitigen Zustand bestimmen und ihn, wenn du magst, mithilfe eines Tagebuches über mehrere Wochen oder Monate verfolgen.

Bewegst du deinen Körper regelmäßig - oder noch besser: du lernst, ihn zu hören, und erlaubst ihm, sich so zu bewegen, wie er sich bewegen möchte -, dann verbessern sich automatisch alle Körperfunktionen, du fühlst dich lebendiger, baust Muskeln auf und Fett ab. Hier eignen sich vor allem alle Bewegungsformen in der Natur, denn du wirst als natürliches Wesen dort am schnellsten regenerieren, den meisten Sauerstoff aufnehmen und von den Pflanzen zusätzlich regelrecht "aufgeladen". Daher nenne ich meinen Wald mittlerweile meine "energetische Waschstraße". Egal in welchem Zustand ich ihn betrete - nach einer Stunde komme ich neu sortiert und energiegeladen wieder heraus.

Warum ist es so wichtig, unsere Gedanken zu beobachten? Nun, wie bereits gesagt, ein Gedanke löst Bilder und Emotionen aus. Stell dir vor, du siehst jemandem dabei zu, wie er herzhaft in eine saftige, supersaure Zitrone beißt. Läuft dir das Wasser im Mund zusammen? Denk an dein Kind, deinen Partner oder dein Haustier. Was löst dieser Gedanke in deinem Körper aus? Wenn du dir dann vorstellst, dass wir fast ständig denken, dann wird dir bewusst werden, was all diese Gedanken in deinem Organismus "anzetteln". Das geschieht völlig unbewusst und auf einmal wunderst du dich, warum du dich müde oder abgeschlagen fühlst. Das ist der Grund, warum ich mir die Nachrichten nicht mehr ansehen kann. Dort reihen sich Horrorbilder und Horrormeldungen aneinander. Für meine Psychohygiene kann ich diese Infos nur sehr gut dosiert aufnehmen, denn mir ist aufgefallen, dass sie mir nicht guttun. Es reicht, wenn ich sie höre oder lese. Wenn wir lernen, unsere Gedanken zu beobachten, so merken wir immer früher, wie wir schlecht über uns selbst oder andere denken oder uns die Zukunft schwarz ausmalen. All dies hat eine Wirkung! Bist du einmal wieder in einem solchen Gedankenstrudel gefangen und dein Gehirn fährt mit dir im Horrorkarussell, dann steig aus, indem du die Situation verlässt und dich bewegst. Versuche, Kontakt zu deinem Herzen herzustellen, dich mit Gefühlen für deine Liebsten zu verbinden.

Arbeitest du bereits mit Affirmationen, so achte darauf, dass alles, was du dir vorstellst, nicht erst in der Zukunft ist oder den Eindruck entstehen lässt, es könnte dir etwas fehlen, was du erst noch brauchst, damit es dir gutgeht.

Beispiel: Ich habe eine längere Autofahrt vor mir. Denke ich "Hoffentlich komme ich gut an!", so wird mein Gehirn ständig mit möglichen Schwierigkeiten beschäftigt sein. Mögliche Affirmation: "Ich werde gesund ankommen." Doch diese

Affirmation wäre auch nicht viel besser, denn mein Gehirn speichert diesen Satz und schiebt das “Ankommen” als ein in der Zukunft stattfindendes Ereignis quasi vor sich her. Weil unser Gehirn aber nicht unterscheiden kann, ob etwas tatsächlich passiert oder wir es uns nur vorgestellt haben (siehe Zitrone), ist es viel wahrscheinlicher, dass ich heil zu Hause ankomme, wenn ich es mir vorstelle und die Erleichterung fühle, wie ich vor der Tür mein unversehrtes Auto einparke und sicher “gelandet” den Motor abstelle.

Wir stellen uns also die Situation immer so vor, als wäre sie schon so passiert, wie wir sie uns wünschen. So empfindest du zum Beispiel das Gefühl der Leichtigkeit, während du dich in deiner Vorstellung mit 10 Kilo weniger auf der Waage siehst. Dies wird dir eine bevorstehende Ernährungsumstellung und ein Sportprogramm erleichtern. Oder du fühlst die wärmende Sonne auf deinem Körper, während du dir vorstellst, dass du die heiß ersehnte Reise in den Süden in vier Wochen buchen darfst, wenn du das entsprechende Geld angespart hast.

Gedanken lösen Gefühle aus[23]. Fühlst du dich also einmal nicht gut, so überprüfe zunächst deine Gedanken und schau, ob du möglicherweise hier schon die Ursache für dein Unwohlsein findest. Ansonsten folge deinem derzeitigen Gefühl einmal wie einem roten Faden nach innen. JEDES Gefühl hat einen Grund und möchte gefühlt werden. Fühlen wir sie, brauchen diese Gefühle nicht länger da zu bleiben und eine Disbalance aufzuzeigen. Folgst du deinem Gefühl nach innen, so können Bilder, Erinnerungen oder auch andere Gefühle auftauchen. Folge all dem wie ein Forscher, der einen unbekannten Pfad betritt, und reise weiter entlang deiner Gefühle. Sieh zu, dass du nicht zu tief an einer Stelle in eine “Geschichte” eintauchst. Folge immer weiter deinen Gefühlen, bis du wahrnimmst, das keines mehr kommt. Dann schau, ob du dich ausruhen möchtest oder was dir jetzt guttun würde. Vielleicht wünschst du dir jemanden, mit dem du diese Erfahrung teilen kannst oder der dich liebevoll in den Arm nimmt und für eine Weile hält. Dann kannst du einen dir nahestehenden Menschen darum bitten.

Ich hatte versprochen, noch einmal intensiver auf die Herz-Gehirn-Verbindung einzugehen. Dafür möchte ich dir zunächst kurz und knackig ein paar neue wissenschaftliche Hintergründe erläutern, die ich, ebenso wie die folgende Übung, quasi kurz vor Fertigstellung des Buches von einem Workshop mit Gregg Braden[24] mitbringen durfte. Neueste Erkenntnisse besagen nämlich, dass nur wir Menschen mit der Fähigkeit geboren wurden, unser "Gehirn im Herzen" zu wecken und mit unserem physischen Gehirn (Kopf) zu harmonisieren. Sensorische Neuriten, so werden die ungefähr 40.000 hirnähnlichen Zellen genannt, die ein neuronales Netzwerk in unserem Herz bilden. Sie verfügen über ein eigenes Erinnerungsvermögen und einem direkten Zugang zu unserem Unterbewusstsein. Verbinden wir unsere beiden Gehirne in Kopf und Herz, so können wir Fähigkeiten entwickeln, die einige von uns derzeit noch nicht für möglich halten mögen, weil es ihre Vorstellungskraft übersteigt. Dies müssen sie auch nicht, denn allein die harmonisierende Wirkung auf unseren Körper ist immens, so dass wir ihm mit der täglichen Praxis dieser Verbindung viel Gutes tun können.

Denen, die tiefer einsteigen wollen, empfehle ich, die Übungen ein paar Mal anzuwenden und eigene Erfahrungen zu machen.

Was ich besonders spannend finde, ist, dass wir mit Hilfe dieser Übung unsere Anbindung an unsere Hauptschlagader sehr leicht aufnehmen können, wodurch sich der Zugang zu unserer Intuition von Mal zu Mal vertieft und die innere Weisheit täglich mehr und mehr zu uns sprechen wird. Schaffen wir es, immer öfter in der Herz-Gehirn-Verbindung zu sein, so steigern wir ebenfalls unsere Fähigkeit, mit den derzeitigen Extremen, die auf unserem Planeten auftreten, besser umzugehen. Wir ruhen tiefer in uns, setzen neue Kräfte frei, sind in einem harmonischen Miteinander mit unseren Mitmenschen und treffen Entscheidungen aus dem Herzen.

Übung:

Setze oder lege dich entspannt hin.
Nimm drei tiefe Atemzüge.

Lege eine oder beide Hände oder auch nur einen Finger auf dein Herz.

Wandere nun mit deiner Aufmerksamkeit zu deinem Herzen. Vielleicht siehst du ein inneres Bild deines Herzens oder du fühlst es in deiner Brust schlagen.

Gib dir etwas Zeit, um Kontakt aufzunehmen und dein Herz zu fühlen. Vielleicht möchte es etwas zu dir sagen oder du möchtest deinem Herzen etwas sagen?

Dann erlaube, dass sich ein Gefühl wie Wertschätzung, Mitgefühl, Dankbarkeit, Fürsorge oder Liebe hinzugesellt. Das mag dir leichter fallen, wenn du dazu an einen geliebten Menschen, ein geliebtes Tier oder eine schöne Erinnerung denkst. Lass dieses Gefühl sich in deinem gesamten Körper ausbreiten.

Bist du tief in die Entspannung eingetaucht, so kannst du eine Frage in dein Inneres senden, auf die du bisher keine Antwort finden konntest. Die intuitive Antwort kommt meist schon, bevor du die Frage komplett gestellt hast. Dieses Phänomen kenne ich aus der telepathischen Arbeit, und ich bin immer noch jedes Mal verblüfft.

Die Herz-Gehirn-Kohärenz[25] hilft dir, jederzeit Zugang zu deiner tiefen Intuition zu haben. Sie soll sogar das Altern aufhalten und Heilung von Kranken möglich machen können, die als austherapiert gelten.[26]

Je öfter du diese Übung praktizierst, umso tiefer und länger wirst du in diesem Zustand verweilen können und so deine Verbundenheit zu dir und allem Leben fühlen.

Wenn du dich wirklich spürst und merkst, in welchen Situationen du dich wohlfühlst und in welchen nicht, lernst du immer mehr, gut für dich selbst zu sorgen. Dann braucht dein Umfeld (Partner, Kinder, Haustier) dich nicht mehr darauf hinzuweisen. Wie sie dies tun? Sie spiegeln dich. Wie? Hier einige Beispiele, dann kannst du selbst weiter in deinem Leben nach eigenen Beispielen forschen:

- Du gewährst deinem Hund gerne seine Freiheit, lässt ihn immer frei laufen und legst nicht so viel Wert darauf, ob er in Vorgärten kackt oder andere Leute belästigt?

Frage: Wie frei bewegst du dich selbst? Kann es vielleicht sein, dass du deine Freiheit über deinen Hund auslebst? Erlaubst du dir, durch ihn deine eigenen Grenzen zu weiten oder die Grenzen anderer zu übertreten?

- Dein Kater pinkelt regelmäßig auf die Klamotten deines Partners?

Frage: Was würdest du deinem Partner um die Ohren knallen wollen, wenn du keine Angst vor der Auseinandersetzung hättest?

- Dein Pferd mobbt die anderen Pferde in der Herde und lässt sich durch nichts davon abbringen?

Frage: Wo unterdrückst du deine eigenen Aggressionen und würdest dich gerne endlich richtig aufstellen und positionieren?

- Dein Hund verbellt Fremde und kein Trainer kann helfen?

Frage: Wie gehst du mit Fremden um? Fällt dir eine Kontaktaufnahme leicht oder gibt es da einen schüchternen Teil in dir, der den Kontakt lieber scheut oder Ängste hat?

Du siehst, wenn du für dein Tier wirklich eine Veränderung herbeiführen möchtest, führt der Weg häufig über dich als seinen menschlichen Partner. Warum ist das so? Das Tier lebt ständig mit dir zusammen und fühlt, was du fühlst. Ein System (Familie, Rudel, Herde) möchte zur eigenen Sicherheit immer die Balance finden. Das bedeutet, dass einer in der Gruppe das ausleben muss, was ein anderer fühlt, aber nicht zum Ausdruck bringt (Symptomträger). Unsere Haustiere sind loyal und fühlen unbewusst, dass sie von uns abhängig sind. Daher werden sie alles tun, um für die Gesunderhaltung oder Gesundwerdung der Gruppe zu sorgen - auch wenn das sogar bedeuten kann, ein schwächeres Mitglied zu attackieren oder auszuschließen.

Ich möchte nicht zu tief in die Selbsterfahrung von uns Menschen einsteigen, denn hierfür gibt es mittlerweile wundervolle und hilfreiche Ratgeber. Die Frage "WER bist du?" möchte ich dennoch erneut aufgreifen, denn darum geht es letztendlich immer im Kern.

Wir haben gelernt, uns in der einen oder anderen Hinsicht zu fügen, uns durchzubeißen, uns anzupassen, und wir haben uns daran gewöhnt, uns dafür ständig selbst zu verraten. Das macht unzufrieden und unglücklich, denn tief in uns wissen wir, dass wir nicht das Leben führen, was wir gerne glücklich führen würden. Wir müssen diesen inneren Teil, der weiß, was wir uns wünschen, täglich zum Schweigen bringen. Unterdrücken wir Gefühle oder können sie nicht wahrnehmen, meldet sich irgendwann bei vielen von uns der Körper zu Wort und produziert Symptome wie Nackenschmerzen oder Magenbrennen bei Angst. Statt beispielsweise eine innere Wut zu fühlen, spricht der Körper z. B. in Form von muskulären Verspannungen oder Rückenbeschwerden.

Egal wie sehr du dir auch Mühe gibst, deine inneren Vorgänge zu verbergen, du kannst sie nicht verdrängen oder verstecken, denn sie wirken trotzdem in deinem Inneren weiter und auf diese Weise auch auf dein Umfeld.

Du kannst entscheiden, ob du dieses Leben nutzen, es voll auskosten möchtest und dir eine schöne und wertvolle Zeit bescherst. Dabei ist es zunächst einmal egal, wie du wohnst, wen du liebst und was du arbeitest. Es ist gleichgültig, ob du dich verrannt hast und die bisherigen Entscheidungen falsch waren. Du kannst immer wieder neu entscheiden! Jeden Morgen triffst allein du die Entscheidung, was du an diesem Tag tun wirst. Ich wache immer noch zu oft auf und fühle mich schon gestresst, wenn ich an den Tag denke. Mache ich mir aber bewusst, dass ich den Tag kreiere, und verspreche ich mir, dass ich die Dinge in MEINEM Tempo angehen werde, entspanne ich mich in der Regel sehr schnell wieder. Wir unterliegen alle einer Art "Autopilot", der uns morgens wie Zombies aufstehen und unsere Pflichten erledigen lässt. Aber mal im Ernst: Soll das das Leben sein, das uns geschenkt worden ist? Mir persönlich reicht das nicht!

Vor über zehn Jahren habe ich einmal an einer Sterbemeditation teilgenommen. Damals schaute ich auf mein bis dahin gelebtes Leben zurück und war erleichtert darüber zu erkennen, dass ich alles ganz genauso wieder tun würde. Was ich seither niemals vergessen habe, ist, dass ich mir seinerzeit versprochen habe, weiterhin so zu leben, dass ich auf meinem Sterbebett nichts bereuen werde, keine Chance verpasst habe, alles getan habe, was ich tun wollte, geliebt habe, wie es sich durch mich lieben wollte, die Welt bereist habe, wie ich sie kennenlernen wollte, und so viel Zeit wie möglich in der Natur verbracht habe. Mein Ziel am Ende meines Lebens ist, unseren Planeten hoffentlich etwas gesünder zurückzulassen. Dazu gehört für mich in meinem Leben z. B. mein Einsatz für die, die nicht für sich sprechen können. Dazu dienen meine Aufklärungen über die Mensch-Tier-Beziehungen in Beratungen und in diesem Buch. Ich kann nicht anders, es ist mir ein Bedürfnis, ein Anliegen und es hat in meinem Leben eine unwahrscheinlich hohe Priorität, die mich rund um die Uhr dafür wirken lässt, ohne dass es sich für mich wie Arbeit anfühlt. Ich nenne es mittlerweile "Spielen".

Fragen, die zu dir selbst führen

Bitte gönn dir für die Antwort auf jede der folgenden Fragen etwas Zeit, denn sie könnte dein Leben signifikant verändern!

Wo lebst du NICHT so, wie es dir und deinem tiefsten Inneren gemäß ist?

Wo machst du dich immer noch klein?

Was sagst du nicht?

Wo überschreitest du deine Grenzen bzw. lässt deine Grenzen überschreiten?

Was ist dein tiefster Wunsch?

Einmal angenommen, du hättest keine Angst, was würdest du gerne als Allererstes tun?

Und was direkt im Anschluss?

Was möchtest du am Ende deines Lebens erlebt und bewirkt haben?

Hättest du nur noch einen Monat Zeit, wie würdest du ihn verbringen wollen?

WER bist du?

Ich ertappe mich täglich dabei, wie ich hadere, dass alles nicht schnell genug geht. In mir wohnt jemand, der locker drei Birgits beschäftigen könnte, weil es vor Ideen nur so sprudelt. Ich möchte gerne unglaublich viele dieser Ideen direkt angehen, dann noch am liebsten sofort alles wissen und können, meine Projekte schon alle umgesetzt haben und ein rundum glückliches Leben führen, doch dem ist noch nicht ganz so. Dies liegt nicht daran, dass ich mir die genannten Wünsche noch nicht erfüllt hätte. Ich darf mich vielmehr selbst immer wieder daran erinnern, was Leben wirklich bedeutet, nämlich bewusst den Moment zu erleben, die Zeit eben nicht zu konsumieren, mir Auszeiten zu gönnen, in denen ich nach innen lauschen kann. Auch da bin ich eine Meisterin der Ablenkung und lasse mir diverse Dinge einfallen, die ja noch alle erledigt werden möchten. Ich bin eine Suchende, die sich nicht dem Mainstream anschließen will - und es dennoch immer noch tut. Gerade heute ist mir aufgefallen, dass ich mich immer noch in einigen Bereichen selbst einschränke, um bloß nicht anzuecken. Das ärgert mich. Dass es mich ärgert, regt mich wiederum auf, und mein Körper meldet, dass ich alles andere als liebevoll mit mir umgehe. Wie genau kann ich mir helfen? Indem ich in Gedanken durchspiele, was mich im schlimmsten Fall erwarten würde, wenn ich mit meinem Sein, meiner Meinung, meiner Haltung anecken würde. Worst-Case-Szenario. Dieser Gedanke war der Impuls, heute Abend an diesem Buch weiterzuschreiben. Dieses Buch ist insofern eine Art Selbsttherapie, die ich dir zur Verfügung stelle, weil du dich vielleicht an der ein oder anderen Stelle wiederfindest.

Wo in deinem Leben kennst du solche Situationen, in denen du dich nicht natürlich verhältst, sondern angepasst? Und was macht dann dein Tier? Tiere und auch Kinder sprengen ja gerne zielsicher Grenzen wie diese.

Wer also bist du? Ich möchte dich einladen, jeden Tag zu nutzen, um das herauszufinden. Meine tiefe Überzeugung ist, dass wir alle ein Potenzial in uns tragen, das gelebt werden möchte. Wo machst du aus dir selbst einen Bonsai? Wo beschneidest du dich? Welche Impulse lebst du noch nicht, und was wäre, wenn du dem einen oder anderen Impuls heute und zukünftig nachgehen würdest? Sagst du deinem Partner, wie sehr du ihn liebst? Gibst du deinem Kind das Gefühl, stolz auf es zu sein, egal welche Schulnoten es nach Hause bringt?

Lebst du deine Beziehungen zu deinen Freunden so, wie du es möchtest, oder würdet ihr euch sonst viel öfter sehen oder seltener oder anders? Woher schöpfst du deine Kraft und wie oft schließt du dich an diese Quelle an? Wann warst du das letzte Mal kreativ? Wie sieht es mit deiner Ernährung aus, und bewegst du dich so, wie dein Körper es wünscht?

Wie würde dein Leben aussehen, wenn du allen deinen Impulsen folgen würdest? Mal dir das in einer Gedankenreise einmal in den schillerndsten Farben aus. Vielleicht magst du dazu sogar etwas aufschreiben, damit du es dir in ein paar Monaten oder Jahren noch einmal ansehen und feststellen kannst, wie sich dein Leben bis dahin verändert hat.

Raum für spontane Gedanken:

____

____

____

____

Der folgende Satz fiel mir vor vielen Jahren bei einer kleinen Mittagspause am Rhein in den Schoß, während ich ein paar Sonnenstrahlen genießen durfte:

Dein Leben wurde dir aus Liebe geschenkt. Wie sich die Blüte deines Lebens entfaltet, liegt allein in deinen Händen.

Was kannst du tun, um zu dem Entfalten der schönsten Blüte, die du dir in dir vorstellen kannst, beizutragen?

Gehen wir noch einmal an den Punkt, dass du bereits perfekt warst, als du geboren wurdest. Welchen Idealen rennst du noch immer hinterher? Ist es die Wunschfigur oder der gut dotierte Posten in der Firma, in der du arbeitest? Was, wenn du all das irgendwann erreicht hast? Bist du dann wirklich reicher? Ich habe in meiner früheren Arbeit als Versicherungskauffrau im Innendienst das erreicht, was zu der damaligen Zeit möglich war, und saß nur noch am Schreibtisch. Jeden Tag plagten mich Rücken-, Nacken- und Kopfschmerzen. Hätte ich nicht einen solchen Spaß mit der Ausbildung der Azubis gehabt, wäre ich schon viel früher gegangen.

Dieser Job fühlte sich ganz und gar nicht stimmig an, auch wenn das Einkommen willkommen war. In der Jugend wollte ich entweder Innenarchitektur oder Tiermedizin studieren – so meldete es mein Innerstes, angelehnt an die von Geburt an in mir angelegte Matrix meines Seins. Aber aus "vernünftigen" Gründen wurde mir die Versicherungsbranche nahegelegt. Der Preis, den ich dafür bezahlt habe, war die Freude an meinem Leben und meiner Arbeit und die investierte Lebenszeit, über die ich nicht mehr frei verfügen konnte. Ich brauche Freiräume, freie Zeiteinteilung, Zeit, um in der Natur zu sein, im Garten zu wühlen, Sonne zu tanken, barfuß zu laufen, mich mit Heilkunde zu beschäftigen, kreativ zu wirken, wundervolle Momente mit meinen Liebsten zu verbringen und meinen Impulsen im Inneren zu lauschen. Und ich glaube, so geht es jedem Menschen. Höre ich da gerade ein "Ja, träum weiter Schätzchen!"? Bitte fall nicht wieder in die alte Form zurück! Dann betäubst und beschneidest du dich selbst!

Ich für meinen Teil möchte meine Lebenszeit dafür geben, pur und echt zu sein, das zu leben, was durch mich gelebt werden möchte. Ich will mein Leben mit Menschen und Tieren teilen, die mich in dieser puren Version schätzen. Es erfüllt mich, mit Menschen und Tieren zu arbeiten, die sich entfalten, die gesund werden oder bleiben möchten. Hier kann meine Essenz frei fließen, und das kostet mich keine Anstrengung, auch nicht wenn ich 10 Stunden am Tag "arbeite". Das liegt daran, dass ich dem, was in mir als Potenzial schlummert, eine Ausdrucksform durch mein Wirken gegeben habe, und ich bin noch lange nicht fertig mit meinem Entfaltungsprozess in meine Matrix.

Auch du bist mit einer klaren Matrix hier in dieses Leben gekommen, und alles in dir möchte sich entfalten und wirken dürfen. Fällt eine Kastanie vom Baum und keimt, wird sie unbeirrt heranwachsen zu einem Kastanienbaum und nicht zu einer Birke. Sie trägt ihren ganz eigenen Bauplan in sich, und eine solche Matrix gibt es auch in dir. Folgst du deinen Impulsen, wächst du wie die Kastanie in die dir gemäße und natürliche Form. Daher versuche nicht, jemand anderes zu sein, sondern werde der, der du bereits bist.

Du hast dich aber schon vor Jahren verrannt? Das macht nichts!

Es ist nie zu spät für einen Spurwechsel!

Wir, die Tiere und unser Planet, brauchen dich - jetzt! - mit genau dem, was in dir steckt!

Tierischer Klartext

Kein WENN und kein ABER,
keine Ausflucht, kein Gelaber!
Bist du ein Schwätzer oder mein Freund?
Du musst wissen, es gehört gründlich aufgeräumt.
Den Einsichten müssen folgen die Taten,
wir können und wollen nicht länger warten!
Wir brauchen euch als unsere lautstarken Fürsprecher
gegen alle uns missbrauchenden Verbrecher.

Wollt ihr die Krönung der Schöpfung sein?
Dann ist es eure Aufgabe und Pflicht,
uns aus der Sklaverei zu befrei'n
und euer Wissen intelligent und konsequent einzusetzen,
statt Jäger und Profitgeier auf uns zu hetzen!

Nur wenn euer Entschluss kraftvoll ist und radikal,
vermag er zu beenden
unsere so lange schon erduldete Qual.
Nur wenn ihr wahrhaftig bereit seid zum Handeln
und zum Verzicht,
könnt ihr unser Leiden beenden
und die Dunkelheit wird endlich erfüllt sein von Licht.
Nur wenn ihr mit den Augen des Herzens schaut,
haben wir euch nicht vergeblich vertraut.
Nur wenn ihr mitfühlend erkennt, was ihr uns antut,
werdet ihr unsere Not erahnen
und auch unsere ohnmächtige Wut.

Nur wenn alle eure Sinneswahrnehmungen
feinfühlend sind und offen,
dürfen wir es wagen,
auf ersehnte Veränderungen zu hoffen.
Nur wenn ihr unseren friedvollen, flehenden Aufruf versteht,
werdet ihr nachempfinden, wie es uns ergeht.

So bitten wir innig, lasst euch berühren,
lasst euch in unsere Welt entführen,
lernt unsere Seele wahrhaftig kennen,
begreift, dass sich euer Schicksal
nicht von dem unseren lässt trennen.
Schaut in unser Angesicht,
erkennt eurer Taten immenses Gewicht.
Wir sind hier, um euch vieles zu lehren,
möget ihr uns nicht länger ausnutzen
und unsere Körper verzehren.
Mögen wir gemeinsam im Einklang
das kostbare Leben ehren.

Die Zeit drängt,
so sehr ist jetzt schon unser Lebensraum beengt.
Es ist überfällig, dass ihr endlich spürt,
wohin euer achtloses Verhalten führt.
Euer Überleben ist so eng mit dem unseren verbunden,
denn unsere sind auch eure Wunden.
Nicht unendlich sind Raum und Zeit, die uns allen bleibt,
ihr seid es, die ihr euch selbst aus dem Paradies vertreibt.

So wacht endlich auf aus dem Schlaf der Ignoranz,
handelt beherzt,
bevor euer Grab schmückt ein welkender Kranz
auf dem in schwarzen Lettern geschrieben steht:
"Dieser Mensch hat es gewusst
und doch achtlos weitergelebt."
Uns liegt nichts an einem Krieg,
was wir begehren, ist unserer Würde Sieg.
So ergreift beherzt die Chance,
setzt eure Fähigkeiten ein
und bringt die Welt zurück in die Balance.

Erinnert, dass ihr voller Liebe und Weisheit seid,
lasst uns endlich gemeinsam kämpfen
für eine bessere und friedvolle Zeit.

Annette Dorstijn

Auf dem Weg zu uns selbst werden wir durchaus auch vor Entscheidungen gestellt, die viel Mut und Kraft erfordern. Meine Frage nach dem "WER bin ich?" beantwortete mir das Leben in der mir bereits bekannten Art mit einigen knackigen Lernchancen. Eine dieser Herausforderungen war, dass ich die 30-jährige Beziehung zu meinem Mann verließ und wir das gemeinsame Haus verkauften. Das ist mir alles andere als leicht gefallen und hat mich viele Monate in die tiefsten Tiefen meines Seins hinabsteigen lassen. Wir können Entscheidungen nicht erzwingen. Entscheidungen fallen - wie reife Äpfel vom Baum. Eines Morgens wurde ich wach und wusste, was ich zu tun habe. In den Monaten vorher fühlte ich, dass ich auf diesen Moment warten musste. Zugegeben, diese Zeit war die reinste Folter gewesen. Auf das Innerste zu hören, auch wenn es kaum auszuhalten ist, heißt, dem Leben das Vertrauen schenken, das es verdient. In uns allen gibt es eine Weisheit, die unser Kopf weder beschleunigen noch anzapfen kann. Wir können uns nur hingeben. Nun befinde ich mich mitten in dieser Phase der Erkenntnis, WER ich eigentlich bin, und werde zutiefst demütig. Existenzängste schleichen sich von hinten an und das Nichtwissen, wie die Zukunft aussehen wird, wovon ich mein Leben finanzieren werde, erfordert immer wieder tiefe Atemzüge und eine erneute Hingabe an das Leben. Ich habe keine Ahnung - und gleichzeitig fühle ich, dass es richtig ist, wie es im Moment ist. Mehr kann ich mir zur inneren Beruhigung gerade nicht bieten. Meine Tiere spiegeln durch ihre Entspanntheit, dass ich auf dem richtigen Weg bin. Sie sind ruhiger und ausgeglichener als vorher, als ich im alten Familiensystem die Stabilität zu halten versuchte und dennoch alles in Aufruhr war.

Ich sammle dich noch einmal ein:
Wer bist du und wofür bist du hier?

Ich bin der Überzeugung, dass wir alle eine Art Auftrag haben, den wir in diesem Leben erfüllen können und auch sollten. Jeder von uns trägt unsagbar wertvolles Potenzial in sich und ist als Wesen einzigartig und nicht kopierbar. Immer wieder ertappe ich mich dabei, wie ich voller Bewunderung Menschen und ihren Werdegang kennenlerne und einfach nur "Wow" sagen kann. Das bringt mich dann aber auch sofort mit meiner eigenen Minderwertigkeit in Kontakt, bis ich mich irgendwann daran erinnere, dass wir alle miteinander verbunden sind, und ich mich daran erfreuen kann, wenn jemand sein Potenzial entfaltet. Ich habe Teile von mir bereits entfaltet, fühle aber, dass dies noch längst nicht alles ist, was in mir steckt. In mir schlummert eine Vision, für die jede meiner Zellen brennt und für die ich jeden Morgen aufstehe. Wenn du mehr über meine Vision erfahren möchtest, dann kannst du an das Ende des Buches blättern, dort stelle ich sie dir gerne vor. Und nun meine erneute Frage: Wofür bist DU hier? Welches Potenzial schlummert in dir? Was zeigst du uns noch nicht - und warum nicht?

Ich erinnere mich an eine liebe Kollegin, die einmal bei einem Treffen mit einer weiteren Kollegin von ihrer heimlichen Leidenschaft erzählte, nämlich dem Schreiben von - so nenne ich sie - Seelenworten. Wir beide waren voller Neugier und baten sie, uns ihre Werke vorzustellen. Sie verschwand und kehrte mit einem riesigen Berg von Zetteln zurück. Wir amüsierten uns, denn sie ist der Typ Frau, bei dem die Kreativität aus jeder Pore tropft, und hätte sie die Zettel abgeheftet, hätten wir uns sicher mehr als gewundert. Wir baten sie, uns ihre Texte vorzutragen. Sie drückte sich auf ihrem Stuhl von rechts nach links und sprach vor lauter Scham wirres Zeug. Es dauerte also eine Weile, bis sie ihre Ängste vor einer Blamage überwinden und unsere Einladung, sich mit ihren Texten zu zeigen, annehmen konnte. Wir lehnten uns zurück, schlossen die Augen und lauschten. Was dann passierte, werde ich im Leben nicht mehr vergessen. Ihre Worte berührten unsere Seelen und unsere Herzen liefen über. Wir hatten Tränen der Rührung in den Augen und schauten sie fassungslos an, konnten nicht glauben, dass sie diese wundervollen Worte der Menschheit vorenthalten würde. Engelszungen redeten auf sie ein, aber sie wollte und konnte sich zu diesem Zeitpunkt noch nicht zeigen. Mir ist noch niemals ein Mensch begegnet, der Laute, ich möchte es noch nicht einmal Worte nennen, zu solch berührenden Kunstwerken werden lassen kann. Diese liebe Kollegin ist an sich selbst schon ein Kunstwerk und konnte diese Beschreibung nicht oder nur sehr schwer annehmen.

Die vorhergehende Beschreibung gilt der Frau, die nun, einige Jahre später, zu meiner Freude zu diesem Buch beigetragen hat. Es ist Annette.

Was ich damit sagen möchte: Mache aus deinem Wesen keine Frühgeburt, denn jede Entwicklung braucht Zeit und viel Geduld. Wenn die Zeit reif ist, wird sich dein Sein mit all seinen Facetten zeigen wollen – und dies höchstwahrscheinlich Stück für Stück zunächst in einem sicheren Umfeld und dann irgendwann auch vor fremden Menschen.

Die Geschichte vom Schmetterling

Verfasser unbekannt

Ein Wissenschaftler beobachtete einen Schmetterling und sah, wie sehr sich dieser abmühte, durch das enge Loch aus dem

Kokon zu schlüpfen. Stundenlang kämpfte der Schmetterling, um sich daraus zu befreien. Da bekam der Wissenschaftler Mitleid mit dem Schmetterling, ging in die Küche, holte ein kleines Messer und weitete vorsichtig das Loch im Kokon, damit sich der Schmetterling leichter befreien konnte.

Der Schmetterling entschlüpfte sehr schnell und sehr leicht. Doch was der Mann dann sah, erschreckte ihn doch sehr.

Der Schmetterling, der da entschlüpfte, war ein Krüppel.

Die Flügel waren ganz kurz und er konnte nur flattern, aber nicht richtig fliegen. Da ging der Wissenschaftler zu einem Freund, einem Biologen, und fragte diesen: "Warum sind die Flügel so kurz, und warum kann dieser Schmetterling nicht richtig fliegen?"

Der Biologe fragte ihn, was er denn gemacht hätte. Da erzählte der Wissenschaftler, dass er dem Schmetterling geholfen habe, leichter aus dem Kokon zu schlüpfen.

"Das war das Schlimmste, was du tun konntest. Denn durch die enge Öffnung, ist der Schmetterling gezwungen, sich hindurchzuquetschen. Erst dadurch werden seine Flügel aus dem Körper herausgequetscht, und wenn er dann ganz ausgeschlüpft ist, kann er fliegen. Weil du ihm geholfen hast und den Schmerz ersparen wolltest, hast du ihm zwar kurzfristig geholfen, ihn aber langfristig zum Krüppel gemacht."

Wir brauchen manchmal den Schmerz um uns entfalten zu können – um der oder die zu sein, die wir sein können.

Deshalb ist die Not oft notwendig – es ist die Entwicklungschance, die wir nutzen können.

Ich erlebe in der psycho-spirituellen Szene immer wieder diesen Zeitdruck, unter dem unser Potenzial das Licht der Welt erblicken soll. Das löst in vielen Menschen, die eher vorsichtig durch das Leben gehen, erneut ein Gefühl der Minderwertigkeit aus, und das kann nicht der Sinn der Botschaft sein. Dennoch lautet meine Einladung an dich: Verschlafe den Moment nicht! Bleibe wach, übe dich im Beobachten deines Wesens, fühle, was in dir vorgeht, und traue dich immer wieder, kleine Hürden zu nehmen, an denen du die Erfahrung machen kannst, dass wir alle darauf warten, dass du dich zeigst. Hier möchte ich gerne meine amerikanische Freundin Meda aus Kalifornien zitieren. Sie sagte einmal so schön: "Es gibt kein Wachstum in der Komfortzone!" Klar, denn da wird es irgendwann auch zu eng. Zur Erinnerung: Wir sind alle miteinander verbunden, und es macht für uns alle einen Unterschied, ob wir an der weltweiten "Party" teilnehmen oder nicht. Hast du etwas Wichtiges zu sagen? Sag es! Hast du eine geniale Idee, wie wir die Weltmeere von Plastik befreien können? Zeig sie uns! Bist du jemand, der zuhören kann? Verschenk dich an deinen nächsten! Kochst du für dein Leben gern? Hilf einmal in der Woche in der Tafel deiner Stadt aus! Liest du gerne vor? Die Kinderheime wären froh, dich bei sich zu haben! Malst du gerne? Gib in Altenheimen Kurse dafür! Sprichst du verschiedene Sprachen? Hilf Einwanderern bei Behördengängen! Erfüllt es dich, andere Menschen zu umsorgen? In deiner Nachbarschaft gibt es mit Sicherheit eine alleinerziehende Mutter, die sich sehnlichst jemanden wie dich wünscht! Kannst du gut mit quer gebürsteten Jugendlichen? Dann melde dich im Jugendamt! Hast du eine Gabe, ängstliche Tiere "aufzutauen"? Das nächste Tierheim braucht dringend ehrenamtliche Helfer!

Hast du Zeit und liebst Tiere? Melde dich als Pflegestelle für Tiere, die noch kein neues Zuhause haben, aber dringend aus schlimmen Zuständen gerettet werden wollen.

Wir sind hier, um Gutes zu tun. Es ist erwiesen, dass, wenn wir uns verschenken, nicht nur der andere etwas davon hat, sondern auch wir. Wir schenken also gleich zweimal. Es gibt daher gleich zwei Gründe, uns in die Gemeinschaft einzubringen. Macht der Mensch die Erfahrung, dass er durch sich selbst wirksam sein kann, blüht er auf.

Dein Potenzial ist nicht zwingend dazu da, um damit viel Geld zu verdienen. Die Erfahrung zeigt aber, dass die Menschen, die ihren Impulsen gefolgt sind, und waren sie noch so verrückt, damit erfolgreich waren. Erfolg ist nicht immer in Scheinen zu messen.

"Erfolg ist, was folgt, wenn wir uns folgen." *(Herrman Scherer)*

Ich habe in meiner Laufbahn viele Therapiemethoden gelernt und zu jeder Zeit gedacht, dass sie mich dazu befähigen würden, Menschen noch besser auf ihrem Weg begleiten zu können. Mittlerweile bin ich davon überzeugt, dass es um diese eine Kernfrage geht: WER bist du und wofür bist du hier? In meiner Arbeit konzentriere ich mich daher nicht mehr so sehr darauf, was in der Kindheit oder wann auch immer schiefgelaufen sein könnte, was zu den heutigen Blockaden geführt hat. Vielmehr unterstütze ich meine Klienten dabei, noch tiefer zu gehen und ihren inneren Wesenskern freizulegen. Sind sie mit ihrer Essenz, ihrer Seele in Kontakt, erhalten sie alle Informationen, die sie brauchen, um das Leben zu führen, das ihnen gemäß ist. So wird sich ihre Lebensblüte Blatt für Blatt entfalten. Als Therapeutin für Menschen und Tiere setze ich bei den Menschen an, denn die Tiere sind lediglich ein Spiegel unseres derzeitigen Seins. Nähmen wir das Tier aus seinem aktuellen Umfeld und setzten es in ein anderes, würde sich sein Verhalten höchstwahrscheinlich sehr zeitnah ändern können. Dies haben wir schon häufig beobachtet, wenn Trainer mit einem Hund gearbeitet haben, der scheinbar "nicht führbar" war. Der Hund kann sich sofort umstellen und reagiert auf die Energie des jeweiligen Menschen. Ruht der Trainer in sich, kommuniziert klar und bestimmt, so dass der Hund nicht verwirrt sein muss, wird er sich auf diese Klarheit einlassen und meist dankbar die Führung annehmen. Dies ist auf jedes Wesen übertragbar. Ein Beispiel dafür könnte ein Kater sein, der unleidlich den ganzen Tag laut maunzend wie ein unruhiger Tiger in deiner Wohnung umherläuft und destruktiv an den Möbeln kratzt, irgendetwas durch die Gegend wirft und im schlimmsten Fall an den Türrahmen pieselt. Treten wir einen Moment aus unserer eigenen Situation heraus und beobachten diesen Kater, der bei uns lebt, wäre die Frage spannend, was er mit seinen Aktionen in uns auslöst und was sein Verhalten mit uns zu tun haben könnte. Uns würde bewusst werden, dass wir vielleicht selbst genervt und möglicherweise gelangweilt oder durch äußere Umstände derzeit überfordert sind. Würden wir diese, unsere "Energien" verändern, indem wir uns um die Ursachen unserer eigenen "schlechten Stimmung" kümmerten, könnte der Kater sein Verhalten einstellen und sich entspannt zu uns aufs Sofa kuscheln. Daher prüfe auch für dich selbst, in welchem Umfeld du dich aufhältst. Nährt es dich oder kostet es dich Kraft? Was kannst du verändern, damit du dich wohler fühlen kannst? All das muss nicht über Nacht geschehen. Das Erblühen unseres Wesens ist ein Lebensprojekt, das wir in der Hand haben. Unsere Tiere jedoch sind von uns abhängig, daher ist es an uns, ihnen ein gesundes Umfeld zu bieten und daran können wir täglich arbeiten. Es geht nicht darum, der perfekte Mensch zu sein. Tiere sind Meister darin zu erkennen, wie authentisch wir sind. Bist du authentisch traurig, frustriert, fröhlich, ausgeglichen, wird es dein Tier nicht irritieren, denn es spürt deine Emotion sowieso und wäre eher verwirrt, wenn du dich nicht entsprechend zeigen würdest.

Eine Klientin, die ihren Mann durch plötzlichen Tod verloren hatte, versuchte verzweifelt, ihre Trauer vor ihren Hunden zu verbergen, um sie zu schonen, und ging zum Weinen immer in die obere Etage ihres Hauses. Wie erleichtert war sie, als ich ihr sagte, dass sie mit ihren Hunden gemeinsam trauern könne – die Hunde spürten ihre Trauer sowieso, egal wo sie weinte. So konnten sie gemeinsam die Trauerphase durchleben, was auch für die Tiere wichtig war.

Viele Wege führen bekanntlich nach Rom – so auch in der Persönlichkeitsentwicklung, im Erwachen und auf dem Weg zu dir. Deine Intuition ist dein innerer Kompass, der dich in diesem Leben über deine Interessen in die Natur, zu Tieren, bestimmten Menschen, zur Literatur, zu Seminare oder in ferne Länder führt. Wie wäre es, wenn du einmal für einen Moment annehmen würdest, dass dein bisheriger Lebensweg bereits deine Lebensschule war, du dies bisher vielleicht nur noch nicht erkannt hast? Was hast du erlebt und worin wurdest du durch das Erlebte geschult und worauf spezialisiert? Mein Weg bis hierher war ein von vielen Schmerzen geprägter. War ich schon früh mit den Tieren und der Natur tief verbunden, so schlichen sich immer häufiger heftige Kopfschmerzen in mein Leben ein, für die scheinbar jeder Therapeut eine Ursache finden konnte, aber nichts wollte helfen. Diese Schmerzen zwangen mich, an der Hoffnung auf Hilfe festzuhalten, denn sie waren aufgrund ihrer Intensität nicht hinnehmbar und häufig auch nicht durch starke Medikamente zu lindern. Auf meiner unermüdlichen Suche nach Heilung lernte ich in über 30 Jahren sämtliche Behandlungsmethoden dieser Welt kennen, angefangen bei unserer klassischen Schulmedizin, sowie diverse Methoden der Naturheilkunde, Körpertherapie, Psychotherapie und des geistigen Heilens. Ich habe nach jedem noch so dünnen Strohhalm gegriffen, um endlich ein lebenswertes Leben führen zu dürfen. Nichts, aber auch gar nichts half. Die Schmerzen blieben von all dem unbeeindruckt und traten immer häufiger und teilweise so heftig auf, dass ich nach Wochen unerträglicher Schmerzphasen einige Male zermürbt und ohne Hoffnung auf Linderung so verzweifelt war, dass mir keine Kraft und Zuversicht mehr blieb, um hier in diesem Leben bleiben zu wollen. Bereits mit Mitte 20 haderte ich mit der Einnahme von Schmerzmitteln, weil sie Leber und Niere schädigen können. Damals fällte ich eine Entscheidung, die für einen so jungen Menschen eigentlich nicht Teil des Lebens sein sollte. Ich entschied, wenigstens unter Medikamenten am Leben teilnehmen zu können, anstatt die meiste Zeit im abgedunkelten Zimmer liegen zu müssen, während meine Lebenszeit vorüberzog. Dafür nahm ich in Kauf, möglicherweise früher meinen Körper verlassen zu müssen. Hätte ich damals gewusst, dass ich weitere 25 Jahre lang aushalten müsste, weiß ich nicht, wie ich entschieden hätte. Gut, dass wir nicht immer alles wissen! Meine jahrzehntelange Suche hat mich geschult, hat mich geschliffen, mich mürbe gemacht, meinen Kern immer weiter freigelegt, mich gelehrt, was Menschen aushalten können - ich aushalten kann. Dies hat mich dazu gebracht, mich voller Demut vor meiner eigenen Kraft und Stärke zu verneigen, die mich immer und immer wieder haben aufstehen und weitergehen lassen. Nicht zuletzt ist dies der Grund für mein Logo, den Phönix. Wer tiefes Leid erfahren hat und sich immer wieder aufrappelt, der fühlt sich wirklich wie ein Phönix, der aus der Asche emporsteigt. Ich bin so dankbar, dass es in mir einen Teil gibt, der stärker war als die Schmerzen, und dass ich irgendwann erkennen konnte, dass dieser Leidensweg mich nach und nach, Schicht um Schicht, mit meiner Seele und ihrem Ursprung in Kontakt gebracht hat. Dass mir so etwas im späteren Leben geschenkt werden würde, konnte ich vor 20 Jahren nicht einmal ahnen. Warum erzähle ich dir das? Ich möchte dir damit zeigen, dass du deinen bisherigen Weg als Opfer oder als Meister betrachten kannst. Du kannst dich ausgeliefert fühlen, oder du machst als Spezialist auf deinem Gebiet Limonade aus den Zitronen, die dir das Leben geschenkt hat.

Weil ich meinen Impulsen gefolgt bin, führte mich mein Weg auf der Suche nach Heilung in weitere Lehren der Körpertherapie. Hier fühlte ich endlich den Zusammenhang von Körper, Geist und Seele, der mir vorher auf Verstandesebene klar war, jedoch noch ein Mysterium blieb, denn mir fehlten Referenzerfahrungen. So erlebte ich berührende Momente, in denen sich viele meiner Teile in mir zusammengefügt haben. Ich wurde mehr und mehr "ganz" und habe dadurch "meinen" Auftrag in diesem Leben fühlen und entgegennehmen können und vor allem verstanden, wofür ich hier bin (s. Vision am Ende des Buches). Durch die "Verkörperung" dissoziierter Seelenanteile, also das Zurückholen und Integrieren abgespaltener Teile, die sich durch schlimme Erfahrungen quasi in Sicherheit bringen mussten, werden wir wieder "ganz" und können uns wieder an unsere Hauptschlagader, so meine Formulierung, anschließen und an diesem Leben wirklich teilnehmen. Ich habe dies am eigenen Leib erfahren dürfen und werde jeden Tag erneut davon berührt, dass "verlorene" Teile zu mir zurückfinden, weil ich mich liebevoll um mich kümmere, mir zuhöre und mich mit mir auseinandersetze. Ich fühle, dass ich immer mehr "ankomme", und empfinde dabei tiefe Dankbarkeit und Liebe für alles, das mich umgibt. Mein Schutz, den ich weiter oben als Ritterrüstung beschrieben habe, wird immer dünner und inzwischen viel seltener gebraucht, so dass immer häufiger noch tiefere Begegnungen mit fühlenden Wesen möglich sind. Das zu erleben und empfinden zu dürfen, belohnt mich für meine lange und beschwerliche Reise bis hierher. Die Schmerzen haben mich unbeirrbar in meine Mitte geführt, und ich habe gelernt, ihre Botschaft zu entschlüsseln. Meine Erfahrung möchte ich deshalb mit dir teilen, weil ich dich ermutigen möchte, "dranzubleiben", auch wenn die Dinge und Pfade in deinem Leben nicht immer Sinn ergeben mögen. Schau, ob du dein Leben vielmehr bewusst selbst in die Hand nehmen möchtest. Damit meine ich nicht, mit dem Kopf neue Strategien zu entwickeln, sondern bewusst zu sein und dich wahrzunehmen, damit du spüren kannst, was vor sich geht, um den Sinn deines Seins dahinter nach und nach erkennen zu können.

Der kürzeste Weg, mit uns selbst in Kontakt zu kommen, ist der, "BEWUSST" zu sein - in jedem Moment. Auch jetzt, während du diese Buchstaben liest. Was fühlst du in diesem Moment in deinem rechten Fuß. Gibt es einen Bereich in deinem Körper, der sich wärmer oder kälter anfühlt? Prickelt es irgendwo, oder fühlst du gar einen Schmerz? Bleibe im Gewahrsein genau dort, wo deine Aufmerksamkeit hinwandern möchte. Beobachte, fühle, atme. Tauchen Gedanken auf, schicke sie nicht weg - beobachte auch sie. In dem Moment, in dem du bewusst beobachtest, was passiert, und fühlst, was du fühlst, riechst, was du riechst, schmeckst, was du schmeckst, siehst, was du siehst, bist du im jetzigen Augenblick - im wahrhaftigen Sein.

Wie findest du deine Bestimmung?

Nun frage dich einmal, wie du jetzt lebst und wie du eigentlich leben könntest, wenn du der wirklichen Ausrichtung deines inneren Kompasses folgen würdest. Hier geht es nicht um Ziele, die dir dein Kopf "zuflüstert".

Deine innere Stimme weist dir den Weg. Bist du auf dem richtigen Weg, fühlt es sich stimmig an. Dann bist du energiegeladen, hast Lust, Dinge umzusetzen und packst sie an. Du kannst regelrecht fühlen, wie die Lebensenergie durch dich pulsiert. Kreiert unser Kopf irgendwelche "Lösungen" in Form von Zielen, sind sie häufig nicht realistisch und selten erreichbar. Setzt du ein Ziel zu hoch an, wirst du es nicht erreichen, denn es gibt einen Teil in dir, dem der Weg schlichtweg zu weit ist, sonst wärst du ihn längst gegangen.

Wähle also das Wunschbild deines Lebens entsprechend deiner inneren Impulse und nicht mit deinem Kopf. Folge vielmehr deiner inneren Sehnsucht und lass dich von ihr leiten, denn sie ist dein Kompass.

Erlaube dem Wunschzustand, sich vor deinem inneren Auge voll zu entfalten und zu einem Film zu werden. Wie fühlst du dich in diesem Film, wo bist du, wie siehst du aus, wer ist bei dir und was ist besonders wichtig für dich? Wenn du von dort, an deinem Ziel angekommen, zurück auf das JETZT schaust, welche Schritte hat es gebraucht, um dorthin zu kommen? Wer hat dich begleitet, was war hilfreich für dich und was kannst du heute schon dafür tun?

Notiere dir die einzelnen Schritte von hier nach dort und visualisiere anschließend dein gewünschtes Leben jeden einzelnen Tag. Gib außerdem deinen Gefühlen zu den inneren Bildern die Erlaubnis, frei zu fließen, damit deine Vision "regelrecht aufgeladen" wird.

Je mehr du von dem tust, was dich erfüllt, umso erfüllter kannst du dich auch fühlen. Für die Umsetzung dieser inneren Impulse ist wiederum unser Verstand hilfreich, denn er kann helfen, die Botschaften aus dem Inneren in die Realität umzusetzen.

Alles ist miteinander verbunden und hat einen Sinn. Obwohl dieser Sinn meist verborgen bleibt, wissen wir, dass wir unserer wahren Mission auf Erden nah sind, wenn unser Tun von der Energie der Begeisterung durchdrungen ist.

Paulo Coelho

Wir alle sind verantwortlich für uns selbst und unsere Umwelt. Ich weiß selbst, dass dieser Weg nicht von heute auf morgen beschritten werden kann. Es braucht Zeit, Bewusstsein und vor allem die Bereitschaft dafür. Bevor du dir vorstellst, du solltest jetzt jeden Tag auf einem Meditationskissen sitzen, und schon überlegst, wie du dem entkommen kannst, kann ich dich beruhigen. Edelsteine, Mantras, Ketten, Räucherstäbchen, Engelfiguren, Matten oder Ähnliches sind nicht nötig, um bewusst im jeweiligen Moment zu sein. Das kannst du sein, während du dies hier liest, vom Buch aufschaust und deine Liebsten aufmerksam und bewusst betrachtest, deinen Tee trinkst und ihn wirklich schmeckst, den Frühlingsduft wahrnimmst und eine Massage, die du genießen darfst, so genau fühlst, dass du bei jeder Berührung mit deiner Aufmerksamkeit an den jeweiligen Bereich deines Körpers reist und wirklich DA BIST. Du wirst erleben, dass etwas in dir dein Gewahrsein immer wieder verführen und entführen möchte. Schon in dem Moment, in dem du beobachtest, dass es wieder passiert, bist du aber bereits wieder im Moment. Auch wenn du merkst, dass es bereits passiert ist, bist du wieder im jetzigen Moment. Je öfter dir dies auffällt, je öfter dir bewusst wird, was du tust – unbewusst tust –, wirst du dich bewusst "einsammeln" und wieder hierher bringen – hierher, wo dein Leben durch deine Hauptschlagader pulsiert. Hierher, wo du wirklich lebst, wo dein Leben wirklich stattfindet.

Tiere als unsere treuen Wegbegleiter können mit ihrer unglaublichen Eigenart, uns zu spiegeln, Brückenbauer sein. Sie erinnern uns an unsere eigene Natürlichkeit und führen uns in die Rückverbindung mit der Natur, in der wir leben. Nicht um Rückschritte zu gehen, sondern um in unserer Weiterentwicklung unsere eigenen Naturgesetze und die unseres Planeten einzubeziehen. Als soziale Wesen genießen wir die Gemeinschaft zu anderen Lebewesen. Sind wir frei von Erwartungen und Vorstellungen, gehen wir offen und vorbehaltlos aufeinander zu – wie die Tiere es tun –, dann kann das Wunder des Erkennens und der Liebe sich entfalten, denn wir sehen einander. Wir sind neugierig auf die Andersartigkeit unseres Gegenübers, schauen liebevoll auf ihn als wertvolles Lebewesen, anstatt ihn zu bewerten. Wirklich lieben bedeutet, bewusst und achtsam mit allem Leben, uns selbst eingeschlossen, verbunden zu sein und umzugehen.

Ich fühle mich häufig sehr machtlos und auch hoffnungslos, denn es tut mir weh zu sehen, was Menschen, Tieren und Mutter Natur angetan wird. Ich weiß, so geht es vielen und jeder denkt, er könne nichts tun. Schauen wir uns aber einmal die Bienen an. Ich durfte einmal mit einem Bienenvolk arbeiten und war überwältigt von der Größe und der unbeschreiblichen Energie ihrer Kollektivseele. Meine Kundin, in deren Garten ihr Zuhause stand, hatte mich gebeten, ihre fleißigen Untermieter zu fragen, was sie ihnen Gutes tun könne und ob die Menge Honig, die sie entnahm, für die Bienen so in Ordnung war. Das Bienenvolk antwortete gemeinsam in *einer* Stimme, die aus den Stimmen aller bestand. Ihre Energie war so rein, so friedvoll und klar. Bienen sind viele und bewirken viel, indem sie alle ihre Aufgabe für das Allgemeinwohl erfüllen. Das können wir auch. Und damit wir alle auf Dauer Frieden in uns finden, Liebe fühlen und einen gesunden Lebensraum haben können, in dem alle Lebewesen friedlich miteinander leben und die Natur heilen kann, braucht es zunächst in unserem Inneren Raum für Frieden und Gesundheit. Dann können wir von dort aus in die Welt gehen und alle gemeinsam liebevoll und heilend füreinander wirksam werden.

Heute sind wir viele, die aufwachen, sich vernetzen und bereit sind, für die Umwelt und die Tiere entscheidende Schritte zu gehen. Nie zuvor hatten wir so viele Informationen für Alternativen, nie zuvor waren wir so viele und nie zuvor standen die Chancen so gut, einen wirklichen "Shift" auf eine heilsamere Ebene für uns alle zu bewirken.

Für diese Vision stehe ich seit Jahren jeden Morgen auf und arbeite auf mein Lebensprojekt hin, wo Leben in dieser Form möglich werden soll. Für eine weltweite Vision dessen brauchen wir aber jeden Einzelnen! Auch dich.

Es wäre daher für mich die größte Freude, wenn ich dich in deinen bisherigen Anläufen bestärken konnte, dich noch besser um dich selbst, deine Liebsten und deinen Lebensraum zu kümmern - und vor allem immer "dranzubleiben".

Sei **DU** die Veränderung, die du in der Welt sehen möchtest.

Wenn du auch den Ruf hörst und Lust hast, dich mit anderen zu vernetzen und mitzuhelfen, unsere Erde zu einem friedvollen Ort zu machen, dann bist du herzlich eingeladen, dich unserer Community »Fühlende Wesen« zu diesem Buch auf Facebook anzuschließen. Wir sind eine geschützte und geschlossene Gruppe, in der wir einander wertschätzend, offen und authentisch begegnen. Viele Köpfe haben viele innovative Ideen. Viele Herzen kreieren ein Feld der Liebe und des Mitgefühls. Viele Stimmen können viel Gutes in die Welt tragen und andere einladen. Viele Hände können viel erschaffen und umsetzen. Lasst es uns gemeinsam tun!

Seelentier

Dein Tier interessiert sich nicht für deine Figur,
es erfreut sich vielmehr an deiner wahren Natur,
es verurteilt dich nicht für deine Stimmungen und Launen,
es möchte vielmehr mit dir
das Leben entdecken und bestaunen,
es akzeptiert dich in der Art, in der du bist,
trauert, wenn du fort bist, weil es dich aufrichtig vermisst,
freut sich tagtäglich stets auf's Neue,
beweist dir seine fast bedingungslose Treue,
es lehrt dich, so viele Details zu sehen,
kann deine Befindlichkeit auf seine Weise intuitiv verstehen.

Beobachte,
Tiere vermögen in dir etwas zu wecken,
das ein Geschenk ist, es wieder zu entdecken.
Sie berühren auf besondere Weise dein inneres Kind,
denn ganz unabhängig davon, wie alt wir sind,
wohnt der manchmal vernachlässigte,
kindliche Teil weiter in dir,
ihn ans Licht zu locken, vermag ein Tier.

Es beschenkt das verlassene Kind mit seinem absichtslosen,
freudigen Spiel,
bringt Lebendigkeit und Licht bis ins tiefe Exil.
So nutze die Gunst der gemeinsamen Stunden,
nicht zufällig hast du
eine wunderbare Tierseele als Begleiter gefunden.

Annette Dorstijn

Meditation

Verbindung mit deinem Herzen

Was wird die Erfahrung der Menschen sein, wenn sie mit ihrem Ruf in Kontakt sind?

Diese Meditation ist eine kostenlose Zugabe zum Buch »Fühlende Wesen«, der als Download für dich als Leser zur Verfügung steht.

www.silberschnur.de/fuehlendeWesen

Hinweis: Diese Meditation ersetzt keine medizinische oder professionelle Beratung, die vielleicht benötigt wird.

Der Leser trägt die volle Verantwortung für seine persönlichen Entscheidungen und ist sich über die Risiken jeglicher Art in Bezug auf die Meditation bewusst.

Gönne dir 30 Minuten Zeit und folge der Frage »Wer bin ich?«.

Diese Meditationsanleitung führt dich in deine Mitte und möchte deine Wahrnehmung für dich und alle fühlenden Wesen unterstützen.

Vorbereitung:

Für Ruhe sorgen – Handys und Klingel abstellen

Tranceinduktion

Setze oder lege dich gemütlich hin und mache es dir ganz bequem. Vielleicht magst du dich einkuscheln in eine Decke, die dich umhüllt und wärmt.

Nimm drei tiefe Atemzüge.

Mit jedem Einatmen atmest du Ruhe ein und mit jedem Ausatmen lässt du mögliche Spannungen los. Schau, dass du vielleicht ein wenig länger ausatmest, als du einatmest. Nur, wenn es angenehm für dich ist. Sonst atme so, wie dein Körper atmen möchte. Mit jedem Ausatmen sinkst du auf angenehme Weise noch tiefer in die Unterlage ein, gibst dein Gewicht immer mehr ab und bist sicher getragen. Du darfst jetzt einfach nur ausruhen.

Nimm deinen Körper wahr und fühle deine Füße. Verweile bei ihnen und spüre nach, wie es sich anfühlt, so bewusst einmal mit deinen Füßen in Kontakt zu sein, die dich Tag für Tag durch dein Leben tragen.

Wandere nun ganz langsam mit deiner Aufmerksamkeit zu deinen Fußgelenken, deinen Waden, den Schienbeinen, über die Knie zu den Oberschenkeln bis zu deinem Gesäß und deinem gesamten Rücken. Vielleicht kannst du dabei beobachten, wie sich Spannungen lösen und Wärme sich ausbreiten möchte.

Deine Beine, dein Gesäß und dein Rücken sind nun tief entspannt.

Fühle deinen Unterleib und deinen Bauchraum. Atme bis tief in den Bauch, so dass sich Bauchdecke und Organe entspannen können. Lass dich ganz frei atmen.

Jedes Geräusch, das du im Inneren deines Körpers und im Außen hörst, trägt dich noch tiefer in diesen angenehmen Zustand der Entspannung.

Wandere mit deiner Aufmerksamkeit nun weiter zu deinem Herzen, um hier ein wenig auszuruhen.

Lasse sanft deine Schultern sinken und deinen Atem in deine Arme bis zu den Fingerspitzen strömen.
Deine Schultern und Arme sind entspannt und angenehm warm. Mit dem nächsten Ausatmen dehnt sich die Entspannung über deine Schultern und deinen Nacken bis zu deinem Kopf aus. Deine Kopfhaut ist vollkommen entspannt, dein Kiefer gelöst. Sei für eine Weile mit deinem Gewahrsein einfach nur anwesend, ohne irgendetwas tun zu wollen. Sei einfach da und beobachte, was in deinem Kopf vor sich geht. Vielleicht erlebst du, wie Gedanken sich noch hin- und herbewegen möchten oder auch neue auftauchen. Vielleicht lockert sich deine Stirn oder deine Gesichtszüge werden weicher. Beobachte einfach nur und schau, was sich verändert, wenn du einfach nur da bist.

Genieße, wie sich immer mehr diese friedliche Ruhe in dir ausbreitet.
Dein Atem fließt ruhig und ganz von allein.
Deine Muskeln im gesamten Körper entspannen sich immer mehr und eine angenehme Wärme breitet sich vom Bauchraum in deine Arme und Beine aus, bis hin zu deinen Händen und deinen Füßen.

Du bist jetzt tief entspannt.

Stell dir nun vor, wie kleine, feine Wurzeln aus deinen Fußsohlen hinein in die Erde wachsen wollen (das ist auch im Liegen möglich), um dir dort einen stabilen Halt zu geben. Spüre, wie du über diese kleinen Wurzeln deine Verbindung zu Mutter Erde fühlen kannst. Deine Wurzeln wachsen von selbst weiter und werden immer kräftiger, während du meiner Stimme folgst.

Reise nun mit deiner Aufmerksamkeit zu deinem Kopf, zu deinem Scheitel. Fühle oder visualisiere hier in der Mitte deines Scheitels deine Verbindung zum Universum oder zu Gott oder wie auch immer du es nennen möchtest. Dies kann zum Beispiel in Form eines silbernen Fadens oder eines Lichtstrahls sein. Über die Verbindung zu Mutter Erde und die Verbindung zum Universum bist nun gut angebunden an die Hauptschlagader und sicher aufgehoben zwischen Himmel und Erde. Durch diese Hauptschlagader fließt die universelle Lebensenergie in deinen Körper entlang deiner Wirbelsäule. Von deinem Herzzentrum breitet sie sich mit jedem Herzschlag in deinen gesamten Körper aus, bis in jede deiner Zellen. Lass sich diese Energie immer weiter in dir ausdehnen. Vielleicht siehst du dabei Farben oder Bilder oder hast Körperempfindungen.

Du bist jetzt mit allem Leben um dich herum verbunden. Kannst du das fühlen?

Wenn du es noch nicht so leicht fühlen kannst, dann lege eine Hand auf den Bereich deines Herzens oder stelle dir vor, wie du mit allen fühlenden Wesen verbunden bist. Visualisiere hierfür einen Menschen oder ein Tier, die dir nahe sind, und beobachte, wie die Verbindung zwischen euch aussieht und wie sie sich anfühlt.

Welches Gefühl empfindest du dabei in deinem Herzen?

Wenn du möchtest, dann kannst du deinem Herzen jetzt eine dir wichtige Frage stellen. Lasse diese Frage in dein Herz hineinsinken und warte, was es antworten möchte.

Und was wird dein Herz antworten, wenn du es fragst »Wer bin ich«?
Höre ihm zu und spüre nach, was die Worte in deinem Inneren bewegen möchten.
Treffen sie vielleicht auf etwas in dir, das dir schon bekannt ist?
Vernimmst du etwas, das neu für dich ist?
Fühle und schau mit entspannten Augen und anspruchslosem Geist auf die Resonanz in dir und auf das, was sich auf die Frage »Wer bin ich?« zeigen möchte.
Beobachte auch die Reaktion deines Körpers auf diese Frage.
Wie verändern sich deine Atmung und dein Herzschlag?
Wirst du noch ruhiger oder taucht eher eine Art Aufbruchstimmung oder auch ein Gefühl von Dankbarkeit auf?
Was genau geschieht in dir, wenn deine Seele diese Frage beantworten möchte?
Wie zeigt sie dir, wer du bist und wofür dein Herz schlägt?
Wie hilft sie dir beim Erinnern?

Und vielleicht möchtest du nun noch einmal auf das Wesen vor dir schauen?
Wie mag sich dein Gegenüber fühlen und welche Gefühle sind in dir, wenn du dich in diese Verbindung zwischen euch ganz hineinbegeben möchtest?
Vielleicht möchtest du diesem wunderbaren Wesen dir gegenüber auch noch etwas sagen. Was könnte das sein?
Wie reagiert dein Gegenüber?
Was geschieht nun zwischen euch?

Und dann schau dich um. Was siehst du noch?
Sind dort vielleicht noch andere Menschen oder Tiere?
Wie schauen sie auf dich?
Haben sie vielleicht eine Botschaft für dich, die wichtig sein könnte?

Es kann sein, dass du heute ganz kleine, feine Hinweise vernimmst. Das ist sehr viel. Sei voller Vertrauen, dass alles zu jeder Zeit genau so ist, wie es für dich richtig ist. Es ist gut für dich gesorgt und du wirst geführt, wenn du dies möchtest.

Du kannst mit jeder neuen Reise weitere Hinweise in dir abrufen und dich immer wieder neu auf deinem Lebensweg ausrichten. Dies kannst du tun, wann immer es sich stimmig für dich anfühlt.

Nun ist es an der Zeit, dich langsam von diesem Moment zu verabschieden - mit dem Wissen, dass du jederzeit hierher zurückkehren kannst. Bedanke dich wertschätzend bei deinen Botschaftern und schau, was du hier und jetzt mit in die Gegenwart nehmen darfst.

Komme nun wieder hierher zurück in deinen Körper. Spüre deine Füße, deine Beine, deinen Rücken – alle Körperbereiche, die Kontakt zur Unterlage haben. Atme tief ein, so als würdest du mehr Luft aufnehmen, als du eigentlich brauchst, und flute alle deine Zellen mit Sauerstoff und Energie. Lass dann deinen Atem aus dir herausfließen. Wiederhole diese Atmung ein paar Mal. Reck und streck dich, wenn du magst, und wenn du gleich ganz achtsam deine Augen öffnest, wirst du dich frisch, erholt und energiegeladen fühlen.

Nachwort

Die Entstehung dieses Buches hat über viele Monate meinen Alltag und mein Innenleben regelrecht durchwoben. Es gab keinen Handgriff, keinen Hundespaziergang, keine Autofahrt, kein Einschlafen und keinen Traum, bei dem nicht neue Impulse in mir aufstiegen und von den Tieren "durchgegeben" wurden, die mir allzeit treue Co-Autoren waren. Durch die intensive Auseinandersetzung mit den hier aufgeführten Themen wurde ich von Woche zu Woche dünnhäutiger und noch feinfühliger. Weitere Schichten meines Panzers lösten sich auf und führten mich schlussendlich in einem schamanischen Seminar zu einem weiteren Entwicklungsschritt. Mich interessierte als Therapeutin eigentlich "nur", wie in dieser Tradition mit Traumata umgegangen wird. So war ich ohne eigenes Anliegen angereist, wunderte mich jedoch über die Vorgänge in meinem Innersten, denn dort war eine diffuse Unruhe spürbar. Drei Tage lang reisten wir, begleitet durch Trommeln und Gesang, in die Ebenen der Anderswelt zu unseren Krafttieren sowie zu unseren verlorenen Seelenanteilen, die wir wieder in unsere Körper integrieren wollten. Am Ende einer dieser Reisen fand ich mich inmitten der Natur und unserer vielfältigen Tierwelt wieder. Während einer tiefen Trance hatten sich die Tiere aller auf unserem Planeten vorkommenden Arten um mich versammelt und schauten mich mit freudigen

Gesichtern voller Vertrauen erwartungsvoll an. Ich fühlte meinen Auftrag in diesem Leben einmal mehr und war tief berührt von so viel Liebe, die von ihnen ausging. Beseelt und mit weit geöffnetem Herzen saß ich im Anschluss an diese Reise mit anderen Teilnehmern und dem Leitungsteam beim Abendessen, das in diesem Seminarhaus glücklicherweise vegetarisch angeboten wurde. Mir fällt es schon seit längerem schwer, mit anderen Menschen zu speisen, denn es macht mir mittlerweile etwas aus, wenn jemand Fleisch isst oder darüber spricht. Solche Situationen konnte ich früher noch besser kompensieren. So hörte ich an dem Abend einen Teilnehmer zum anderen sagen: "Dann gibt es ab morgen für dich ja einiges an Fleisch nachzuholen." Mir stockte der Atem. Das Gespräch war eröffnet und ich hörte, wie ein Mann erzählte, dass er selbst Lämmer hielt und sie bei ihm ein wenig älter werden durften als üblicherweise. Ich fühlte augenblicklich einen tiefen Schmerz, den ich zu dem Zeitpunkt noch nicht in Worte fassen konnte. In dem Moment musste ich den Raum und kurz danach das Seminar verlassen. Zu Hause angekommen ging ich zeitnah ins Bett, denn ich fühlte mich sehr aufgewühlt und erschöpft und war nicht in der Lage, tiefer zu erkunden, was genau mich so sehr berührt hatte. Voreilig hätte man annehmen können, dass es die Unsensibilität der "Fleischesser" gewesen war.

Als ich am nächsten Morgen in die Dusche ging, brach *es* aus mir heraus. Die Bilder der Trance vom Vorabend und die liebevollen Blicke der Tiere tauchten wieder vor meinem inneren Auge auf. Vertrauensvoll hatten die Tiere auf mich geschaut und keine halbe Stunde später hörte ich, wie man ihre Kinder essen wollte. In der Dusche wurde mir schmerzlich bewusst, dass ich mich selbst als Vegetarierin immer noch aus der totalen Konsequenz mogeln wollte, indem ich an meinem besagten Milchkaffee festhielt, als wäre er das Wichtigste auf diesem Planeten. Durch die Reise am Vortag war ich noch einmal dünnhäutiger geworden, so dass mich das Leid der Tiere in einer tieferen Schicht erreichen konnte. An diesem besagten Morgen fühlte ich den unfassbaren Schmerz, den das Kalb und seine Mutter in dem Moment fühlen, in dem sie voneinander getrennt werden, damit ich Milch in meinem Kaffee trinken kann! Daran wollte ich mich nicht länger beteiligen, denn mein Konsum macht mich mitverantwortlich für das Leid, welches ihnen zugefügt wird.

Anschließend fuhr ich zurück ins Seminar und habe mich bei den anderen Seminarteilnehmern dafür bedankt, dass sie mich so "sanft" geweckt und erinnert haben.

Dieses abschließende Beispiel soll verdeutlichen, dass wir zunächst genau prüfen sollten, bevor wir über andere urteilen. Selbst wenn sie uns scheinbar "verletzen", so kann dies ein hilfreicher Schubs in die richtige Richtung sein. Robert Betz, Psychologe, nennt diese "Verursacher" sehr passend *Arschengel.*

Möge dieses Buch ein solcher Schubs für dich sein, indem es dich inspiriert, öffnet, mit dir in Kontakt bringt und zu deiner Heilung beiträgt.

Begegnest du demnächst einem Tier, so frage dich, was du von ihm lernen kannst, und höre, schaue und fühle in dich hinein.

Ich danke dir für deine Zeit und dein Vertrauen und wünsche dir von ganzem Herzen eine ganz sanfte und zarte Öffnung deiner eigenen Rüstung, damit mehr Raum für Entfaltung entstehen kann. Erinnere dich daran, dass dein Leben ist wie eine

Blume. Möge dein Aufblühen dich befreien, und möge die Schönheit und der süße Duft deiner Blüte uns alle verzaubern. Möge dein göttliches Wesen frei fliegen, um das kostbare Geschenk auszupacken, das du zum Wohle aller im “Gepäck” hast, damit es weltweit zur Heilung beitragen kann.

Meine Vision – kurz und knackig

"Du hast den Traum von einem Stück Land, auf dem Wesen leben, deren Geist davon beseelt ist, im Einklang mit sich selbst, der eigenen und der umgebenden Natur zu leben und zu wirken ...", so formulierte Annette meine Vision in ihren Seelenworten sehr treffend, als ich ihr wieder einmal davon erzählte.

Alles, was ich in diesem Buch versucht habe, dir als meine Sicht auf uns und die Welt so verständlich wie mir irgendwie möglich zu "transportieren", soll sich als wahrhaftige Form in einem Heilzentrum manifestieren. An diesem Ort sollen Menschen und Tiere in liebevoller und heilsamer Umgebung über verschiedene Angebote wie Gemeinschaftserleben, gesunde Ernährung, Meditation, Achtsamkeitstraining, Yoga, Psychotherapie, tiergestützte Therapie, Waldbaden, Tanz, Trommeln und vieles mehr die Verbindung zu ihrer eigenen Natur wiederfinden, gesunden und ihr Potenzial entdecken können. Für diese Vision brennt jede Zelle in mir, und ich stelle mich ihr mit meinem ganzen Sein in diesem Leben zur Verfügung. So setze ich täglich all meine Energien dafür ein und sammle Informationen, treffe mögliche Mitbegründer und Kollegen, suche nach Wegen der Finanzierung und nach dem passenden "Landeplatz" für diese Mission, mit genügend Raum für die dort lebenden, arbeitenden und zur Heilung findenden Menschen und Tiere.

Wenn dies mein Lebensauftrag sein soll, so bin ich davon überzeugt, wird das Universum dafür sorgen, dass ich mit Hilfe meiner Intuition die richtigen Wege einschlagen werde und die passenden Mittel zum Wohle aller zur Verfügung gestellt werden. Wenn nicht, dann hatte ich zumindest einen wunderschönen Traum, der mich über Jahre mit heilsamen Bildern verwöhnt hat.

Danksagung

Ich möchte mich vor all den Menschen und Tieren voller Dankbarkeit verneigen, die mir auf meinem Lebensweg begegnet sind und zu meinen Lehrern wurden.

Ein großer Dank geht an meine Kollegin und Freundin Annette für ihr Vertrauen und ihre Inspiration durch ihre berührenden Seelenworte, die das Sahnehäubchen mit Tiefgang auf den Kapiteln dieses Buches sind. Mögen sie die Herzen vieler Menschen und Tiere berühren.

Ganz besonders danke ich meinem Ehemann Christof, der über 30 Jahre lang meine tiefe Sensibilität für das Leben von Menschen, Tieren und Pflanzen beschützt und gehütet hat und mich viele Male trösten musste, wenn die Trauer und Verzweiflung über das Nicht-mehr-Wissen und Nicht-mehr-Fühlen der Menschen mich fast weg gespült hätten. Ich danke dir für deine Liebe und dein Vertrauen in mich, in meinen Pioniergeist und meine Visionen, die mich so viele Wege und verschlungene Pfade haben einschlagen lassen, obwohl sie dir zunächst fremd waren.

So sehr gilt mein Dank meiner Tochter Jana, die sich ihre wunderbare natürliche Intuition und ihre Werte trotz schwerster Prüfungen bewahren konnte und immer mit großem Interesse und weitem Herz meinen Anliegen gefolgt ist. In ihr schlägt ein

Herz für Mutter Erde und ihre Wesen so stark und laut wie in mir. Ich bin so stolz auf dich, meine Süße!

Meiner geliebten Beeren-Schwester danke ich zutiefst für ihre Liebe und ihr immer offenes Ohr und ihr liebevolles Kümmern, wenn sie wieder und wieder meine vom Leben zerknitterten Flügel bügeln musste. Danke, liebste Seele, dass du deinen Weg in diesem Leben zu mir gefunden hast.

Ich danke meinen Eltern, dass sie mir ein "Nest" bereitet haben, in dem ich landen durfte, und mich bis ins Erwachsenenalter so gut behütet haben, wie es ihnen möglich war.

Meinem menschlichen Engel, der mich schon so lange in meinem Leben Herz an Herz begleitet, fühle ich mich zutiefst verbunden. Danke für dein So-Sein, durch das ich Seiten in mir entdecken durfte, die mir lange verborgen geblieben waren.

Auch möchte ich meinen liebsten Freundinnen, die mir immer den Rücken stärken und für mich da sind, von Herzen *Danke* sagen. Ihr seid großartig!

Meinen mutigen Wegbegleitern danke ich, dass sie Seite an Seite mit mir den häufig steinigen Weg gehen, um diese Welt zu einem friedvolleren Ort für Mensch und Tier werden zu lassen. Ohne euch wäre es ganz schön langweilig!

Ich danke aus tiefstem Herzen meinen Tieren Kränzchen, Fränzchen, Mücke, Lissy, Pooky, Spencer, Goofy, Merlin, Linus und Clarence, dass ich so viel Liebe durch euch fühlen und so viel von euch lernen durfte. Danke, dass ihr eure so kostbaren Leben mit mir verbracht habt.

Und abschließend verneige ich mich vor allen Tieren, denen ich im Tierschutz und in ihren natürlichen Lebensräumen begegnen und mit denen ich arbeiten durfte. Ihr habt mir euer Vertrauen geschenkt und mir eure Welt gezeigt. Ich hoffe sehr, ich kann eure Anliegen vielen Menschen vermitteln und ihre

Herzen berühren, damit ein noch größeres Verständnis für euch so wunderbare Wesen möglich wird.

Danke, dass ihr uns so geduldig dabei unterstützt, uns zu erinnern!

In Liebe
Jari

Hinweise und Glossar

1) *Freeze: Zustand der Erstarrung, wenn Kampf und Flucht nicht möglich waren oder sind*

2) *Fühlende Wesen: Dazu gehört für mich die Erde mit all ihren Lebewesen*

3) *Mentale Arbeit mit Tieren, siehe Punkt 12: Tierkommunikatoren können sich in Tiere einfühlen und auf diese Weise den jeweiligen Tierhaltern wichtige Informationen ihres Tieres übermitteln. Sie sind eine Art Dolmetscher zwischen den 'Arten'.*

4) *Systemische (Tier-)Aufstellungen; aufdeckende, therapeutische Methode zum Erkennen und Klären möglicher Ursachen von Auffälligkeiten innerhalb eines Systems (Rudel, Familie, Gruppe, Team)*

5) *Intuition ist ein unmittelbares, nicht auf reflektierendes Denken gegründetes Erkennen // Verbundenheit zwischen Bauchgefühl (Instinkt) und Herz-Kopf-Verbindung*

6) *Selbstverständlich gibt es tausend weitere Gründe, ein Tier zu adoptieren, die den Haltern sehr bewusst sind.*

7) *Für alle in diesem Buch aufgeführten Aufstellungen haben meine Klienten die jeweiligen Texte vorab gelesen und der Veröffentlichung zugestimmt. Selbstverständlich wurden die Namen geändert.*

8) *Die Tiere in deutschen Zoos stehen unter Drogen*
Von Elke Bodderas, Per Hinrichs

9) *http://www.zeit.de/2015/04/delfine-tierschutz-delfinarium-nuernberg/seite-2*

10) *"Tiere essen" von Jonathan Safran Foer*

11) *Chimäre: Mischwesen/Quelle: MDR Wissen vom 30.01.2017*

12) *Der Jäger und Rechtsanwalt Dr. Florian Asche »Jagen, Sex und Tiere essen: Die Lust am Archaischen«: www.abschaffung-der jagd.de/fakten/lusthaftigkeitdestoetens/index.html*

13) *Mentaler/telepathischer Tierkontakt Tierkommunikatoren können sich in Tiere einfühlen und auf diese Weise den jeweiligen Tierhaltern wichtige Informationen ihres Tieres übermitteln. Sie sind eine Art Dolmetscher zwischen den 'Arten'.*

14) *Natürlicher Instinkt ist eine Verhaltensweise, die einem Lebewesen bereits angeboren ist und die es daher nicht erlernen muss (Bauchgefühl)*

15) *Der Biophilia-Effekt von Clemens G. Arvay*

16) *Linus möchte leben' auf facebook*

17) *Katzen würden Mäuse kaufen' von Hans-Ulrich Grimm*

18) *David Servan-Schreiber: Die neue Medizin der Emotionen*

19) *"Epigenetik ist das Fachgebiet der Biologie, welches sich mit der Frage befasst, welche Faktoren die Aktivität eines Gens und damit die Entwicklung der Zelle zeitweilig festlegen. Sie untersucht die Änderungen der Genfunktion, die nicht auf Mutation beruhen und dennoch an Tochterzellen weitergegeben werden." (Wikipedia)*

20) *Kriegsenkel von Sabine Bode*

21) *beeltern bzw. nachbeeltern - (nachträgliche,) elterliche Fürsorge im therapeutischen Kontext*

22) *Jill Bolte: The-90-seconds-rule https://www.youtube.com/watch?v=PzT_SBl31-s*

23) *Bruce Lipton; "Intelligente Zellen - Wie Erfahrungen unsere Gene steuern"*

24) *Gregg Braden: Geologe, Pionier für die Zusammenführung von Wissenschaft und Spiritualität*

25) Forschungsinstitut USA: www.heartmath.com

26) Hierzu gibt es empfehlenswerte Videos und Bücher von Gregg Braden

Quellen & Links

Tierschutz

www.veganblog.de
www.PETA.de (Tierrechtsorganisation)
www.earthlings.de
(Dokumentarfilm über den Umgang mit Tieren - nichts für schwache Nerven)

Tierversuche

www.drze.de/im-blickpunkt/tierversuche-in-der-forschung

Zootiere/Delphinarien

Die Tiere in deutschen Zoos stehen unter Drogen
von Elke Bodderas, Per Hinrichs
www.welt.de/wissenschaft/umwelt/article127612535/Die-Tiere-in-deutschen-Zoos-stehen-unter-Drogen.html

Delfine in deutschen Delfinarien
www.zeit.de/2015/04/delfine-tierschutz-delfinarium-nuernberg/seite-2, www.peta.de/delfinarien-hintergrundwissen

Jagd und Fischen
Der Jäger und Rechtsanwalt Dr. Florian Asche
»Jagen, Sex und Tiere essen: Die Lust am Archaischen«
www.abschaffungderjagd.de/fakten/lusthaftigkeitdestoetens/index.html

Geschichte der Jagd:
www.planetwissen.de/natur/tier_und_mensch/geschichte_der_jagd/pwieproundcontrajagd100.html

www.peta.de/fische-fuehlen-schmerzen

Pelz aus China
www.peta.de/chinahaustierfell#.WXwwzMbqhE4

Buchtipps

Peacefood, von Rüdiger Dahlke

Tiere essen, von Jonathan Safran Foer

Die neue Medizin der Emotionen, von David Servan-Schreiber

Katzen würden Mäuse kaufen, von Hans-Ulrich Grimm

Der Biophilia-Effekt: Heilung aus dem Wald, von Clemens G. Arvay

Kriegsenkel, von Sabine Bode

Über Birgit Rusche-Hecker

Birgit Rusche-Hecker (Jg. 1967) ist Heilpraktikerin für Psychotherapie und systemische Familientherapeutin. Seit 2003 ist sie in eigener Praxis tätig. Der Schwerpunkt ihrer Arbeit sind die Mensch-Tier-Beziehungen, die sie bereits seit ihrer Kindheit intensiv beobachtet, erforscht und selbst erlebt. Mit ihren mentalen, hellfühligen und therapeutischen Fähigkeiten hat sie bereits über 5000 Mensch-Tier-Teams in ganz Europa begleiten dürfen und gibt ihr Wissen in Seminaren und Fortbildungen weiter, um weltweit ein besseres Verständnis für uns selbst, unsere Tiere und unsere Umwelt zu wecken.

www.Seelenhunde.de
www.my-heartland.com

Facebookseiten

Seelenhunde
Seelenhunde-on-tour
Linus möchte leben

Über Annette Dorstijn

Annette Dorstijn (Jg. 1961) ist als Heilpraktikerin (Psychotherapie), Systemcoach, Achtsamkeitstrainerin (buddhistische Psychologie) und Lehrerin für tibetisches Heil-Yoga (Kum Nye) tätig. Mit viel Professionalität und Lebenserfahrung begleitet sie Einzelpersonen und Gruppen bei der Persönlichkeitsentwicklung. Ihre Arbeitsweise ist weniger "technisch", sondern vor allem "erlebnistechnisch", also praxis- und erfahrungsorientiert. Es entspricht ihrer Überzeugung, dass die tieferen Veränderungsprozesse dann beginnen, wenn wir am "eigenen Leibe spüren" was ein Thema in uns berührt. So erfolgt eine Bewusstseinsänderung, die die individuellen Potenziale des Menschen aktiviert und ein neues Wahrnehmen von Lebenssituationen eröffnet.

www.praxis-annettedorstijn.de

160 Seiten, broschiert
ISBN 978-3-89845-359-2
€ [D] 12,90

Birgit Rusche-Hecker

Wie Tiere unsere Seele berühren

Das Verhalten von Tieren verstehen

Die Tierkommunikatorin Birgit Rusche-Hecker arbeitet energetisch und therapeutisch mit Menschen und Tieren. Für dieses Buch hat sie zahlreiche Fälle aus ihrer Praxis gesammelt. Indem sie auch die Tiere selbst zu Wort kommen lässt, beantwortet sie Fragen wie: Wie – und vor allem was – nehmen Tiere wahr? Wie gehen sie damit um, und wie können wir Menschen unsere Tiere entlasten?
Sie geht auch auf ernstere Probleme ein und zeigt in bemerkenswerten Dialogen, wie selbst kranken oder traumatisierten Tieren geholfen werden kann, wenn wir lernen, ihre Botschaften zu verstehen.

448 Seiten, Klappenbr.
ISBN 978-3-89845-317-2
€ [D] 19,90

Fred Matser

Für eine Welt mit Herz

Ein Findhorn-Buch

Fred Matser hat es sich zum Ziel gesetzt, mit Inspiration und Hilfe zur Selbsthilfe eine funktionalere Gesellschaft zu erschaffen. Wie er diese Gesellschaft sowohl spirituell als auch praktisch versteht, erläutert Matser an dem von vielen Menschen als problematisch empfundenen Status quo der Welt. So stellt der Autor sieben Prinzipien vor, die helfen, einen Wandel in uns selbst und in der Welt herbeizuführen.
Dieses Buch ist eine inspirierende Ideenquelle und lädt den Leser dazu ein, gemeinsam mit anderen eine bessere Welt zu schaffen.

248 Seiten, gebunden
ISBN 978-3-89845-318-9
€ [D] 19,90

Gerald Jampolsky & Diane Cirincione

Was uns das Leben lehrt

Inspirierende Lebensgeschichten, die unser Innerstes berühren

Gerald Jampolsky und Diane Cirincione vermitteln spirituelle Weisheiten durch die Kunst des Geschichtenerzählens. Egal, um welches Thema es geht – Angst, familiäre Wurzeln, das Heilen des Körpers oder unsere Ansichten zu Leben und Tod –, in diesen berührenden Geschichten teilen die Autoren ihre spirituellen Erfahrungen mit uns und regen dazu an, dem eigenen Weg zu folgen.

152 Seiten, mit Abbildungen, 4-fbg., Klappenbroschur
ISBN 978-3-89845-437-7
€ [D] 14,95

Nathalie Bodin

Ho'oponopono

30 Formeln zur Lösung von Konflikten

Entdecken Sie Ho'oponopono ganz praktisch für Ihren Alltag. Nathalie Bodin konzentriert sich auf das Wesentliche im hawaiianischen Vergebungsritual: die Lösung von Konflikten, wie dies in seinen historischen Anfängen der Fall war. Sie hat das ursprüngliche Ritual wiederaufgegriffen und an das moderne westliche Leben angepasst. Sie bringt uns Ho'oponopono nahe, indem sie uns an 30 alltäglichen Situationen zeigt, wie wir Konflikte erfolgreich mit der Energie des Verzeihens und des Reinigens auflösen können. Entdecken Sie Weisheit des Ho'oponopono, die auf jeden Konflikt auch in Ihrem Leben anwendbar ist!

192 Seiten, broschiert
ISBN 978-3-89845-427-8
€ [D] 12,95

Bettina Schmidt

Der spirituelle Kräutergarten

Wesen und Seele unserer Heilpflanzen

Ellen Vande Visse lädt Sie ein, harmonisch mit dem Naturreich zusammenzuarbeiten. Unterhaltsame Erzählungen erläutern Schritt für Schritt, was Sie tun können, um gemeinsam mit der Natur zu gärtnern und mit den Elementarwesen zu kommunizieren. Dieses Buch lehrt uns, mit den Pflanzen als Lebewesen zusammenzuarbeiten. Ein Buch über außergewöhnliches Gärtnern, das Sie bis zur letzten Seite nicht mehr aus der Hand legen werden.

128 Seiten, 4-farbig, wattiert, gebunden
ISBN 978-3-89845-499-5
€ [D] 12,95

Irene Lauretti

Mit der Kraft deiner Hände

Energieheilgriffe für schnelles Wohlbefinden

Stärken Sie schnell und effektiv Ihre Gesundheit, lindern Sie Beschwerden und füllen Sie Ihre Energiereserven auf. Durch sanftes Halten der Finger und Berühren bestimmter Energiepunkte am Körper erreichen Sie jeden Bereich Ihres Seins. Die Heilgriffe aus diesem Buch geben Ihnen genau das, was Ihr Körper und Ihre Seele gerade benötigen!
Erreichen Sie ab sofort einfach und schnell mehr Wohlbefinden, Gesundheit und Vitalität!

160 Seiten, broschiert
ISBN 978-3-89845-152-9
€ [D] 10,90

Franziska Krattinger

Ein Wort genügt!

... sich einfach umprogrammieren

Schalten Sie einfach um! – Manchmal genügt ein einziges Wort, um verborgene Haltungen ans Licht zu bringen oder Einstellungen zu ändern. Dabei gibt es spezielle Worte, die gleichsam eine magische Wirkung haben, da sie die Schlüssel zu unserem Unterbewusstsein sind: Schaltworte.
Schalten Sie einfach um – und beobachten Sie die Veränderungen in Ihrem täglichen Leben, ohne dass Sie bewusst daran denken oder eine Vorstellung der Lösung haben müssen. Nutzen Sie die Kraft, eine Situation augenblicklich im besten und idealen Sinn zu verändern.

184 Seiten, broschiert
ISBN 978-3-89845-446-9
€ [D] 12,95

Christian Scheurer

Wünsche wirklich wollen

Mythos und Praxis

Das Schlüsselbuch zur Wunscherfüllung
Wir alle haben Wünsche, die wir gerne erfüllt sehen würden. Doch die wenigsten von uns bekommen, was sie beim Universum bestellt haben. Erfolgscoach Christian Scheurer geht in diesem Buch auf die Nichterfüllung von Wünschen ein und zeigt, welche Elemente der Verwirklichung unserer Wünsche im Weg stehen. Auf einzigartig lockere Art und Weise zeigt er, wie jeder das Kunststück hinbekommt, diese Hindernisse auszuräumen – wenn er es nur richtig angeht.

128 Seiten, 2-farbig, broschiert
ISBN 978-3-89845-497-1
€ [D] 12,95

Bernadette Saphira Huber

Meine Ziele, mein Schutzengel und ich

Mit deinem Engel kannst du alles schaffen, was du willst

Bernadette Saphira Huber zeigt dir, wie du in Verbindung mit deinem Schutzengel die Ziele deines Herzens erreichst. Sie verrät, wie dein Schutzengel in Einheit mit dir dein Leben gestalten kann. Ihre praktischen Anleitungen machen anschaulich klar, wie dein Engel dich beim Erreichen deiner Ziele unterstützt.
Gemeinsam mit deinem Schutzengel wirst du so zum Schöpfer deiner Welt. In diesem unschlagbaren Team kannst du alle Ziele in deinem Leben erreichen.

416 Seiten, durchgehend farbig, Flexocover
ISBN 978-3-89845-554-1
€ [D] 36,00

Indu Arora

Das grosse Buch der Mudras

Heilende Übungen für Körper und Seele

Indu Arora ist Yoga-Meisterin, Yoga-Therapeutin und ayurvedische Klinikmedizinerin. Mit diesem Buch eröffnet sie uns die Welt der Mudras: »Ich möchte mit Ihnen die Weisheit des Yoga und Ayurveda teilen, die Einfachheit in unser kompliziertes Leben bringt. In Harmonie mit unserer inneren Natur und der Natur als solcher zu leben, bringt uns Gesundheit. Nichts hat eine größere Macht, uns zu heilen, als das Selbst!«

136 Seiten, 4farbig, broschiert
ISBN 978-3-89845-240-3
€ [D] 17,90

Zoé Kertesz

Face Gym

Jünger aussehen durch einfache und natürliche Gesichtsgymnastik

Doppelkinn, Krähenfüße, Hängebacken... verschwinden.
Sie brauchen Ihr Gesicht nur richtig in die Hand zu nehmen! Haben Sie noch Zweifel? Verziehen Sie das Gesicht, und rümpfen Sie die Nase? Dann sind Sie schon mitten im Training.
Dieses Buch zeigt Ihnen mit einfachen und wirkungsvollen Übungen, wie Sie ohne Schönheitschirurgie die Elastizität, die Besonderheiten und die Form Ihres Gesichts bewahren können. Behandeln Sie Ihr Gesicht nicht schlechter als den Rest Ihres Körpers. Soll es doch ruhig auch ein bisschen Face Gym machen, um seine natürliche Ausdruckskraft und jugendliche Frische zu bewahren!

45 runde, farbige Karten, Ø 10 cm, mit Begleitbuch, 160 Seiten, broschiert, in Box
ISBN 978-3-89845-363-9
€ [D] 18,90

Scott Alexander King

Krafttiere für Kinder

Ein Kind in unserer modernen Welt zu sein, ist manchmal schwierig, wenn man eine Entscheidung treffen muss, es einem nicht gut geht oder man traurig ist. Wie schön, wenn man dann einen Freund hat, mit dem man reden kann, der zuhört und hilft. Krafttiere sind diese liebevollen Freunde, die dich unterstützen, dir helfen und dich beraten. Schon die alten Kulturen wussten, dass wir mit den Tieren kommunizieren und von ihnen lernen können. Auch du kannst mit den Tieren sprechen, und dieses wunderschön illustrierte Kartenset hilft dir dabei.